超越商学院的智慧
我从孩子身上学到的一切

[西]埃莱娜·嘉赫丹·坎波◎著
Helena Guardans Cambó
于犇航◎译

**BEYOND
BUSINESS SCHOOL WISDOM**
EVERYTHING I LEARNT FROM MY CHILDREN

华文出版社
SINO-CULTURE PRESS

图书在版编目（CIP）数据

超越商学院的智慧：我从孩子身上学到的一切/（西）埃莱娜·嘉赫丹·坎波著；于犇航译. —北京：华文出版社，2024.5

书名原文：Everything I learnt from my children（that they didn't teach me in business school）

ISBN 978-7-5075-5846-3

Ⅰ.①超… Ⅱ.①埃…②于… Ⅲ.①成功心理—通俗读物 Ⅳ.①B848.4-49

中国国家版本馆CIP数据核字（2024）第058718号

Copyright © Helena Guardans Cambó, 2020
First published in English under the title Everything I learnt from my children (that they didn't teach me in business school) by Helena Guardans Cambó, edition: 1
Simplified Chinese edition copyright © 2024 Sino-Culture Press Co., Ltd.
ALL RIGHTS RESERVED

著作权合同登记号：图字 01-2024-0080 号

超越商学院的智慧：我从孩子身上学到的一切

作　　者：	[西]埃莱娜·嘉赫丹·坎波
译　　者：	于犇航
责任编辑：	方昊飞　王　彤
出版发行：	华文出版社
地　　址：	北京市西城区广外大街305号8区2号楼
邮政编码：	100055
网　　址：	http://www.hwcbs.cn
电　　话：	编辑部 010-58336265　　010-63428314
	总编室 010-58336239　　发行部 010-58336202
经　　销：	新华书店
印　　刷：	三河市航远印刷有限公司
开　　本：	787mm×1092mm　1/32
印　　张：	6.125
字　　数：	89千字
版　　次：	2024年5月第1版
印　　次：	2024年5月第1次印刷
标准书号：	ISBN 978-7-5075-5846-3
定　　价：	48.00元

版权所有，侵权必究

献给我的女儿劳拉（Laura）、儿子奥斯卡（Oscar）
献给我的丈夫伊尔德方索（Ildefonso）

推荐者序

埃莱娜·嘉赫丹·坎波（Helena Guardans Cambó）写的《超越商学院的智慧：我从孩子身上学到的一切》这本书，终于要和中国的读者朋友们见面了。

埃莱娜是韦伯赫普（Webhelp）这家跨国公司唯一的女性总裁。她在职业道路上所获得的成就，无疑是令人瞩目的，也是不可复制的。在这本书中，埃莱娜用自己的亲身经历分享了许许多多的管理技能。

因为和埃莱娜是多年的合作伙伴及好朋友，我有幸提前读到了这本书在国外发行的版本，感触良多，受益匪浅，恰如胡适《梦与诗》中的那句："都是平常经验，都是平常影像，偶然涌到梦中来，变幻出多少新奇花样！"

我与埃莱娜在2018年的一场国际商务交流会上相识，因为有着类似的创业经历，我们无话不谈，成了忘年交，亦师亦友；更因为有着对客户服务的相同理念和以人为本的经营初心，我们的公司之间也进行了一系列的商务合作，至今仍是彼此非常信任和重要的伙伴。

读过这本书后，我向埃莱娜强烈建议，这本书一定要在中国发行，因为对于读者朋友们来说，无论是刚刚走出"象牙塔"的应届毕业生，还是已经在公司拼搏数年的职场达人；无论是满怀激情的创业者，还是已经功成名就的企业家，他们在家庭生活和职业生涯中，都会面临林林总总的困惑，遇到各种各样的问题，而这本书可以帮助他们找到答案。

这是一本越读越有意思的书。埃莱娜并没有以说教的方式向读者展示她的辉煌经历，而是以一位母亲的视角，基于和女儿劳拉、儿子奥斯卡之间轻松愉快、生动活泼的生活场景，通过幽默诙谐的语言，来讲述她如何与孩子们共同成长，以及在这个过程中的所感所悟。"生活是创作的源泉"，文中所讲述的一连串的生活逸事，仿佛一幕幕舞台剧浮现于眼前，滑稽处让人忍俊不禁，感动处也会让人眼角泛起泪花。

"越快越好"告诉我有时候看起来有些极端的方法，也可以帮助我们向正确的方向迈进，抑或至少会提醒我们珍惜那些以前可能没有考虑到的人或事。

"蔬菜浓汤的故事"让我知道了该如何面对焦虑，如何一个接一个地解开"心网中的结"。

"互换角色"让我明白，只有设身处地地为别人着想，感同身受，才能理解他人的真实感受和动机，找到各方都认可的最佳方案。

而"一次谈话抵得上千封邮件""尊重他人""下一个！（大声说出来）"等一系列的场景故事，则让我一遍遍地重温并多视角地审视自我，学习那些倾听、沟通以及信任的方法与技巧。

"生有热烈，藏与俗常。"我想，用它来总结这本书的内容，最恰当不过了。这些似曾相识的日常生活小故事朴素而意味深长，特别是每个故事结尾处的那些经验总结更是令我不禁生出"大道至简"的感慨。回归简单的世界，看到我们内心的真实，这也正应了"从孩子身上学到的一切"的感悟。

埃莱娜在开篇中说："其实生命中所有的时刻都是开始的好时机。"开卷有益，读书总会有所收益。

超越商学院的智慧：
我从孩子身上学到的一切

愿这本书能成为你心中的一束光，将人生旅途照亮，助你真正从思维上改变自我。

"你在将来回首往昔的时候，才会发现自己迈出的每一步，哪怕是很小的一步，都在朝你梦想的那个未来前进。"

胡仕龙

金慧科技集团董事长、创始人

生活不是电影

在和朋友或同事聊天的时候,他们总要问我一个问题:你没想过把自己的职业生涯和个人经历出版成书吗?我当时还不确定自己的经历有哪些新奇之处值得大书特书,为什么朋友们坚信我的人生经历值得与他人分享。直到有一天看到《裂痕》(*Damages*)这部电视剧时,我才恍然大悟,自己应该写些什么。

格伦·克洛斯(Glenn Close)在这部剧中饰演一个重要角色。她是我非常喜爱的一位女演员,说她近乎完美都不为过,尤其是在她这个年纪(相比社会上的其他职业女性，这个年纪的好莱坞女星早早就无戏可拍了），她依然能奉献精彩的表演。格伦在剧中饰演的帕蒂·休斯（Patty Hewes）是一位知名律师。帕蒂名利双收，但她成功的不二法门却是做个"坏人"。剧中的帕蒂缺乏同情心，不受道德约束，也不在乎价值准则。随着剧情的发展，我们一次又一次地看到，成功的事业和幸福的个人生活相互抵触，更不要妄想美满的家庭生活了。帕蒂·休斯有一个年轻的女学生，名叫艾伦·帕森斯（Ellen Parsons）。艾伦一直在努力平衡自己的事业和个人生活。这两人都是优雅而出色的律师，各自有着一段爱恨交织的故事。我不想剧透，但是剧情的走向已经再明显不过了：帕蒂·休斯最终失去了她的小家庭，成了一位专注于事业的职业女性；而艾伦·帕森斯则恰恰相反，她因为结婚生子而不得已放弃了自己的工作。

亲爱的读者，人生不是电影，我们没必要非得成为帕蒂·休斯或者艾伦·帕森斯。在这本书里，我会和你们分享我自己的经历。依我拙见，经营人生远没有我曾经担心、害怕的那么难。我不需要在职业生涯和家庭生活之间二选一，因为我一直思考

自序

的是如何使工作和生活相得益彰。

读者朋友们,为了和你们建立一段完全透明的关系,赢得你们的信任,和你们进行对话,请允许我先做个自我介绍,跟你们说说我的成长过程和生活经历。

1960年,我出生在巴塞罗那的一户富裕家庭,父母都是虔诚的宗教徒,或许是这个原因,他们一共生育了十四个孩子。因此,我有四个姐妹和九个兄弟,在十四个孩子中我排行第八,是家里的第二个女儿。大家庭也好,小家庭也罢,我觉得我们兄弟姐妹之间的关系并没有受到家庭规模的影响。虽然这是一个庞大的群体,但我和他们每个人的关系都是独一无二的。需要指出的是,我们兄弟姐妹之间的感情非常好,他们是我生命中最重要的人。生长在这样一个大家庭,时刻都有人围绕在你身边,这意味着子女和父母之间关系的基调是秩序、尊敬和权威。我的父母认为,教育是他们能给予孩子们的最重要的东西。有意思的是,教育也是我们兄弟姐妹被平等相待的唯一领域,男孩和女孩无一例外地都要接受教育。

我在巴塞罗那的一所宗教中学读书,于毕业前两年转学到了巴黎，那是我人生中第一次感受到了独立和自由。回到巴塞罗那后，我做了成年之后的第一个决定——选定心仪的大学。1984年，我拿到了ESADE商学院①的商科学位，也争取到了去纽约大学交换学习六个月的机会——多亏了两校之间的交换生项目。我在纽约一共待了两年，那段时光和经历值得我永远珍惜。我在巴塞罗那做了几份工作之后，就进入了一家大型广告公司。正是在那里，我偶然发现了一个帮助我成长和学习、令我感到充实和快乐的领域。几年之后，我成立了自己的公司——辛古拉（Singular），致力于提供优质的客户服务。这类业务在当时还不常见，在我看来，是因为那时的客户服务业务没有得到应有的重视。

在创立公司的这一年，我和伊尔德方索（Ildefonso）结了婚。我们两人是在上文提到的那家广告公司认识的。还没有成为恋人之前，我们已经在一起工作，其间有争执也有商量，还曾一起开怀大笑。这段共事的经历对于我们的关系至关重要。

---

① ESADE商学院，西班牙著名商学院，创建于1958年，隶属拉蒙鲁尔大学（Ramon Llull University），主校区位于巴塞罗那。——编者注

自序

曾经如此，现在亦然。从我们相识的那天起，我丈夫就始终坚定不移地支持着我（我在后面的章节也会提到）。1995年，我们的女儿劳拉（Laura）出生，两年后我们又迎来了儿子奥斯卡（Oscar）。

我创办的辛古拉公司不断发展壮大。2001年，一家总部位于德国的跨国企业——塞勒拜特（Sellbytel）集团买下了辛古拉的大部分股份；2018年，另一家总部位于法国的跨国企业——韦伯赫普（Webhelp）集团收购了辛古拉。我目前担任韦伯赫普西班牙分公司的总裁，手下员工超过4000人。

我觉得在和读者分享我的经历之前，有必要对这本书做些介绍。在本书的第一版（西班牙语版）中，我希望能从女性的角度展开叙述。在准备第二版的过程中，我更加坚信这一点，主要是因为我收到的各种反馈信息大多来自女性读者。很多人说，这是她们生平第一次有机会了解自我，同时在书中描述的生活和职业场景中发现自我。我不打算提供某种直截了当的办法，即让女性去适应现行的管理模式，然后成为领导者。相反，我希望现行的由男性主导的管理模式能给女性打开一扇大门，便于她们走上领导岗位。我想看到的是，女性和男性都能找到新的工作方式和沟通方式，毕竟在如今这个时代，大家除了适应，并没有多少办法去实现自我成长。我不希望这本书只是一本职业指南，因为我遇到的难题不仅仅来源于工作。身为一名企业高管，我想和大家分享的是如何过好自己的生活——不管是私人生活还是职场生活，以及我如何向家人和周围人学习。这些对我来说行之有效的办法或许也能引起其他从业者的兴趣，让他们从中受益。不管这些人从事的是学术、艺术、教育、科学、管理、公共服务，还是体育事务等领域。

我本人是为数不多的女性高管中的一员。我有幸生于一个富足之家，人生经历虽然没有什么代表性，但也不乏值得分享的东西，而且我相信本书所写的故事能吸引更广泛的读者群。不管怎么说，正如下文所分享的，当务之急是把我们的声音传播出去，把有机会给大家带来积极影响的另一种领导模式分享出去。书中鼓舞人心的实例能引起女性读者的共鸣，当然也有男性读者，因为她们被现行的"男性模式"主导的管理体制排除在外。企业管理层中的女性占比不高，这个问题已然不容小觑。但我相信，通过推广一种兼收并蓄的领导模式——我们不妨称之为"女性模式"，可以为更多人开启成功之门。

这就是本书要告诉读者朋友们的：轻轻推开那扇门。现在，这扇门已经为你们打开了。

在这篇文章结束之前，我想补充一点，本书第一版（西班牙语版）的一些读者对"我从孩子那里学到的一切"这个标题感到惊讶，因为他们想知道孩子和商业世界是如何联系在一起的。孩子让我们有机会了解到他们看待世界的独特视角：天真无邪、不加评判。在这本书中，我谈到了发生在我家庭中的一些故事，它们又是如何启发我去处理职场中的情况，以及我的孩子们如何教会我同理心和灵活性，这反过来又帮助我更好地去理解他人。与孩子们的相处，还让我习得了一件事——为了能更好地与他们分享我每一天的经历，我必须要把想说的事情简明扼要地表述出来。也就是说，我必须专注于真正重要的事情，把重点拎出来。而在这个过程中，我的思路逐渐明朗起来，从而在职场和生活中找到了一条更简单清晰的前进之路，那是一条仅靠我的个人感受可能无法寻到的路。

希望你们能喜欢这些故事，希望它们能让你们会心一笑，希望它们能对你们经营个人生活和职场生活时有一点点帮助。

目录

1. 切勿坐等"最佳时机"的到来 / 001
2. 越快越好 / 008
3. 蔬菜浓汤的故事 / 017
4. 定义领导力,每个人都有低谷 / 028
5. 尊重他人 / 033
6. 一次谈话抵得上千封邮件 / 039
7. 去公园 / 046
8. 等等……我们要去哪里? / 052
9. 提出加薪 / 055
10. 互换角色 / 062
11. 将来时与条件式 / 068
12. 领导力:女性视角,还是德国人的视角? / 073
13. 相信自己 / 080
14. 积极倾听 / 086
15. 你有男朋友吗? / 091
16. 下一个!(大声说出来) / 097
17. 容易做到的事就不值得重视了吗? / 107

18. 经验无法传承 / 112

19. 选择最近的团队 / 117

20. 学会应对 / 125

21. 分享的感觉真好 / 132

22. 真的那么重要吗? / 139

23. 不是我,是你 / 144

24. 合理安排工作日程 / 149

25. 我会拔出宝剑……消灭全世界! / 154

26. 平静之环 / 159

27. 弗吉尼亚·伍尔夫:《一间只属于自己的房间》/ 162

读者朋友们,再会! / 170
致谢 / 173

 1. 切勿坐等"最佳时机"的到来

我多次受邀到 ESADE 商学院和 IESE 商学院[①] 发表演讲,跟学生们畅聊我的职业生涯。在 ESADE 商学院,我见到的基本上是大四学生,他们的职业生涯还没有开始;在 IESE 商学院,见到的大多是研究生,他们一心一意扑在自己的专业课上,立志要拿下硕士学位。这些学生的年龄在 22 岁至 30 岁之间,其中不仅有西班牙人,还有来自世界各地的学子。虽然他们的年龄、经历和文化背景各异,但

---

① IESE 商学院,与 ESADE 商学院同为西班牙著名商学院,创建于 1958 年,隶属纳瓦拉大学(University of Navarra),主校区位于巴塞罗那。——编者注

我发现两校学生有一个奇妙的共通之处，那就是在我演讲结束后，总会有人问我这样一个特别的问题："埃莱娜，女性在当了母亲之后还能在职场中担任要职吗？"

我的回答是：一位母亲能为她的公司贡献诸多才能和经验，在大多数情况下，身为人母的女性反而是更优秀的职场人。

这两所高校每年都会邀请多位演讲嘉宾，所以我在演讲结束后总会问台下的同学，他们是否会对男性演讲者提出类似的问题——男性当了父亲之后，还有可能坐上高管的位子吗？听众的回答整齐划一——他们从来没想过要问一位男性嘉宾这样的问题。

在我们想象某个未来情境但又对其一无所知的时候，占据我们脑海的往往是一些大概率不会发生的事情。然而疑惑和不安的感觉还是会持续袭来。大脑的工作方式往往就是这样，千百年来，我们思维受到的训练都是保护我们免于风险和危机，而不是让我们敞开心胸地去迎接新的经历和机遇。

决定成立自己的公司——这是我生命中独一无

1. 切勿坐等"最佳时机"的到来

二的节点。脑中有想法,心里有计划,更重要的是我当时还没有结婚,也没有什么牵绊,而且小有积蓄。1994年,我申请了一笔贷款,满腔热情地开了一家小公司,起名叫辛古拉(Singular),当时只有三名员工。一年之后我结了婚,生下女儿劳拉,两年后儿子奥斯卡也出生了。我从来没把我的另一半和孩子当成自己创业路上的绊脚石,但实话实说,如果不是在女儿出生之前我就决定成立公司,那么我可能会无限期地拖延下去,等待所谓的"最佳时机"。

我的意思是,其实人生中的每一刻都是做事的好时机,没必要非得等到某个合适的人生阶段,或者所谓的黄道吉日。为什么这么说呢?因为每天都可能遇到不顺的事情,而我们对此无能为力。一旦我们下定决心并最终采取行动,不管进展多么慢,只要保持稳步前进,我们就会在不知不觉间步入自己曾惶恐不已的未来,然后发现那些让自己忐忑不安的东西也不过如此。

有一次,儿子奥斯卡问我,给两个青春期的孩子当妈妈是什么感觉?当时他13岁,他姐姐15岁。

我觉得这个问题很有意思,于是不假思索地回答说:

"奥斯卡,如果你一出生就是现在这个年纪,我可能会被吓死。不过我们都已经摸索着相处了13年,我觉得我们两个表现得都不错,你说呢?"

我们在想象未来的时候,总会把一些可能发生的糟糕情景具象化,这也是为什么我们迟迟做不了决定的原因。这样一来,好像永远都不会有怀孕生子的好时机,而职场上也永远不会有晋升的好机会。

说到孩子,他们好像总要遵守一些奇奇怪怪的规矩——规定了他们能做什么,不能做什么,但这些规矩似乎让生活变得更不方便了。我们全家人其实都不怎么在意这些规矩。有一次,我带着奥斯卡和劳拉(奥斯卡在婴儿车里,劳拉抓着车子走在后面)去参观一家艺术博物馆。门卫不解地看了我们一眼,然后不耐烦地说:

"不好意思,女士,您不觉得您的孩子太小了,不适合参观博物馆吗?"

他的问话让我吃惊不已。但后来我们还是进去参观了,而且我一直在想,那个门卫到底觉得几岁的孩子才适合参观博物馆。陪孩子去博物馆和自己一个人

1. 切勿坐等"最佳时机"的到来

前往显然是截然不同的体验,那我为什么不能带孩子一起去?我们在参观展厅的时候,两个孩子在开心之余好奇心也被激发了,每走进一间展厅,他们就会轮流选出自己最喜欢的画作。然后我们就坐到离这幅画最近的椅子上(要是附近没有椅子,我们就席地而坐)一起编故事,讲讲自己看到这幅画的时候想到了什么。和孩子们一起去博物馆的经历是我最宝贵的记忆之一。如果一个人从小就没去过博物馆,那么长大后的他会在某天早晨醒来后突发奇想,决定去某个博物馆度周末吗?我觉得这难以置信。吃蔬菜也是同样的道理,一个人从小在家就不吃蔬菜,那么他长大后会主动点一盘菠菜吃吗?

我之所以对这些奇奇怪怪的规矩说了这么多,是因为它们太常见了。有些大人在跟孩子交谈时会刻意换一种可爱的口吻,我很好奇他们为什么要这样做。那么,我们跟多大的孩子说话才能用正常的口吻呢?在我们家里,我和丈夫对劳拉和奥斯卡说话的语气总是饱含温情,同时不失尊重,不管他们几岁都是这样。要是有客人来访,我们就让孩子们陪客人待一会儿,听我们一起聊天或讨论。在他们姐弟俩长大一点后，我和丈夫就鼓励他们和我们的朋友一起边吃边聊。在夏天聚餐的时候，伊尔德方索通常会建议，我们只讨论一个话题，这样每个人都能说点什么，然后大家就加入了这场主题明确、趣味横生的谈话。这段经历让我们久久不能忘怀。劳拉和奥斯卡在长大后也总是说，他们始终记得让他们欢欣雀跃的夏日餐会，也很感谢在场的每个人都把他们这两个小孩儿当成大人一样去尊重。朋友们鼓励两个孩子说话，还认真地给他们当听众，好像他们就是成年人一样。这段经历给我的孩子注入了自信。多年后，在和其他人一起开会时，他们总能有足够的底气去坚持自己的立场。

在人的一生中，很多事情都是渐次发生的，这给了我们时间去适应，也让我们能充分利用好每时每刻。就拿我来说吧，我的公司不是一夜之间从一个三人小作坊变成4000人的大集团，我的孩子也不是忽然之间就从小宝宝长成爱生闷气的青少年。我有很多很多的时间去学习、犯错，然后据此改正。周周月月，岁岁年年，皆是如此。最重要的是，我们在努力工作的同时，可以尽情享受家庭生活。

1. 切勿坐等"最佳时机"的到来

请允许我给大家提个建议，不要去预想未来可能发生的每一件事，不管你是做决定还是做任何事情。如果你试图把一切都事先想好，那么你很有可能会把所有事情设想得过于真实可怕，从而使自己丧失行动力，裹足不前。相反，你要想的是该朝哪个方向前进，想在未来达成什么成就。只有这么做，你在将来回首往昔的时候，才会发现自己迈出的每一步，哪怕是很小的一步，都在朝你梦想的那个未来前进。

 ## 2. 越快越好

如果我们仔细琢磨一下,其实不难发现,大多数分歧或矛盾是可以预见的,即使我们没办法窥其全貌。在"风暴"过后,我们总是要问:为什么我们没能在那个关键节点之前做些什么?

如果发觉有些事让我们不喜欢,感觉不舒服,那么我建议要尽快处理。比如,一个乐天派突然变得阴郁起来,或者一个爱跟别人打招呼的家伙突然闷头看电脑而对他人视而不见,我们就不能放任不管,最好的办法就是了解他们到底发生了什么。如有必要,我们甚至可以刺激矛盾,使之尽快爆发,然后马上解决掉它。有意思的是,让一个不可避免

2. 越快越好

的问题尽快出现，反而能让我们更早地提出解决方案。糟糕的处境不会自行好转，所以出了问题就要马上处理，否则只会越来越糟糕。

我想跟大家说说我和儿子奥斯卡在相处中碰到的一些情况——他那时候不过4岁多一点儿，然后再分享一下最后的解决办法。事情处理得不错，后来我还多次用相同的办法处理公司业务。在我开始分享前，请允许我提示一下，大家可以把我与奥斯卡的这个故事当成一则寓言，而不是对一次事件的真实复述，因为我接下来的描述会简化当时的事件过程，从而更加聚焦于我从事件中吸取的教训，就像强调道理和教训的寓言一样。但不用说，在现实生活中，当我碰到这些处境时，一定是运用了更多的知识，进行了更多的沟通，才使得这些处境的好转是可持续的和真真切切的。

在孩子们还小的时候，我每天最开心的就是下班后待在家里的时光。为了能够尽情享受这样的幸福，我会提前做一些准备，为此还制定了一份工作日程表，让自己把白天的工作安排得有条有理，然后安心下班。

到了下班时间，我不会马上冲出办公室，而是再次核对我的日程安排，确保当天定好的工作已经全部完成，然后再和助理安排第二天的日程，跟进处理尚未解决的事情。在离开办公室之前，我还要清理办公桌，关掉电脑，然后关门上锁。把这些该做的做完之后，我才能安心下班。我会冷静地安顿好一切，所以完全不会担心有什么遗漏。即便在晚上出现突发情况，我也能在孩子入睡之后从容不迫地处理。

我一天中最快乐的时刻就是回家。不过我要在此坦白一件事：有段时间，我回到家后的第一感觉就是愧疚，觉得自己把两个孩子留在家里一整天，很不应该。这种愧疚感让我和他们在一起的时候也总是心猿意马。不过有一天，我决定要做些什么，我要改变这种情况。事情往往就是这样，其实那段时间已经出现了一些不好的迹象，后来想想，那也许就是个转折点，让我意识到不对劲，然后寻求改变。

有一天，我像往常一样回到家，还没来得及关上家门，劳拉就扑进我怀里，要把这一天发生的大

2. 越快越好

大小小的事情都说给我听，然后她就像连珠炮似的噼里啪啦说个不停。虽然她的话我没有完全听懂，但我还是喜欢听她讲自己的各种小冒险。在劳拉讲故事的时候，我环顾四周，想看看弟弟奥斯卡在哪里，大概是藏在哪个地方了吧。他确实躲起来了，就在沙发后面，小脸阴沉地盯着我和劳拉。我已经不止一次注意到他受伤的眼神中带着一种谴责，就在那个瞬间，我的幸福感消失了。

我走过去亲了亲他，他冷淡地耸耸肩。这样的情况已经持续一阵子了。要是我出差好几天或者回家晚了，他的反应甚至更加冷淡，而那天正好也是我回家晚了。不光是这样，一点小事都会让他不高兴，发展到最后就是尖叫和哭泣，他还会说我是个坏妈妈，因为我总是不在家。我假装不在意他说了什么，但那种感觉糟透了，尤其是我总在想他或许是对的，但我拒绝承认。也许，同时经营事业又兼顾家人和朋友，真的不太可能吧！但是谁又能说得准呢！那一刻，深陷这种思绪的我忽然有了一个主意。即使现在想起来，这主意都疯狂得很。我不准备轻易放弃事业，哪怕是为了我亲爱的奥斯卡，所

以我想了一个计划。

我想在这里花一点点时间,阐述一下我的观点。在对待年幼的孩子时,我认为,如果我们想让他们明白,他们需要改变一种行为,我们就得尽可能迅速地采取行动。否则,他们就很难把我们的行动和他们正在做的事情联系起来。这就是为什么我想抓住那一刻,让奥斯卡试着去想象他的态度可能会给我带来的悲伤。因为在那个年龄,言语不如示范有效,所以我想出了下面的计划。

我对奥斯卡说:"拿上衣服,我们要出门。"听我说话的语气,他知道有正事要做,于是他也没抱怨,就听话地回房间拿了外套。我帮他扣好扣子,牵着他的小手一起出了门。

"外面好冷啊,妈妈,我们要去哪儿?"他问道。我回答说,我想到办法了。

"你不喜欢我这个妈妈,那我们现在就去找个更好的妈妈给你。要是找到了,我就问她想不想让你做她的孩子。你也知道的,我看你那么不高兴,实在很痛苦,所以这个办法最好不过了。"

于是,在2001年冬日的一天,我在晚上七点

2. 越快越好

的时候在萨里亚（Sarriá）大街上给儿子找妈妈。我一边走着，一边不住地打量和评价在街上看到的各位女士。

"那位女士当你妈妈的话，好像年纪有点儿大了，你觉得呢？这位怎么样，奥斯卡，她看起来人不错，漂亮，还有一个和你差不多大的女儿。等一下，她们母女俩好像在争吵，你不想要一个总吵架的妈妈，对吧？别担心，我们继续找。你喜欢哪位就告诉我。"

奥斯卡显得越来越焦虑，两只小手攥得紧紧的。

"奥斯卡，快看！那对夫妻怎么样？他们手牵手的样子看起来真幸福。我觉得他们应该还没孩子，不过他们肯定想要的，我敢打赌。说不定他们愿意让你做他们的孩子呢，我们过去问问。"

那对夫妻就是我想要找的那类人，就是会配合我演戏的那种。奥斯卡整个人缩在我的腿后面。我走近那对夫妻，然后问道：

"你们好，打扰两位了。我正打算给我儿子奥斯卡找个更好的妈妈。你们一定会喜欢他的。他是个善良可爱的孩子，基本上不挑食，还能自己穿衣

超越商学院的智慧：
我从孩子身上学到的一切

服，平时表现也很乖。"

那对夫妻的反应比我期望的还好。妻子可能才20岁出头，听了我的话后，她一开始还被惊得目瞪口呆，但马上就变成了忍俊不禁。她忍着笑回答说：

"你好啊，奥斯卡！我们也都是善良的人，真高兴你能做我们的孩子。你愿意牵我的手吗？"

奥斯卡看着我，再看看那位女士，然后又开始看我，他猛地拉住我的胳膊，让我蹲下身子和他平视。我于是蹲下来看着他，他亲了我一下，求我赶紧带他回家，说他不想扔掉他的玩具。我们赶忙跟那对年轻夫妻道别，我看着他们，默默地用眼神表达我的谢意，他们的表现太棒了。我们朝着家的方向走去，离那对夫妻越来越远，而奥斯卡也表现得愈加轻松快乐。等到彻底看不到他们的时候，奥斯卡已经抑制不住地开始蹦蹦跳跳。他一脸认真地说着晚上要做的每一件事，而且还要我们全家一起做。走到家门口，还没等我开门，他就迫不及待地问我，要是把他送人了，我会难过吗？我紧紧抱住他，亲吻他的额头，向他保证我永远不会抛弃他，

2. 越快越好

因为他是世界上最好的儿子。在这之后,我们俩再也没有提起过这件事。而就在那一天,奥斯卡也觉得,他拥有世界上最好的妈妈,他再也不想换妈妈了,哪怕我不能每时每刻陪在他身边。那天,我也终于意识到,我在儿子心里就是世界上最好的妈妈,这让我重新找回了自信。

那次经历虽然只有短短几分钟,却总让我们深情回顾,每每想起总会伴随着相当多的欢笑。从那时起,我和奥斯卡紧紧地连在了一起。奥斯卡意识到,他和家人在一起很幸福,用拥抱来表达爱比用发脾气容易得多,然而发脾气却是他此前一直在做的事情。对我来说,那次经历让我更加珍惜和孩子们在一起的时间,甚至会比以前花费更多的时间陪伴他们。

那次经历就好比是我们亲子关系的"加热剂",让我找回了曾经的幸福感。当我在晚上和孩子们共享天伦之乐的时候,奥斯卡和劳拉会跟我讲他们这一天里干的所有事情。

几个月之后,我接到了嫂子的一通电话,她说到自己的儿子时语带悲伤。她的孩子和奥斯卡差不

超越商学院的智慧：
我从孩子身上学到的一切

多大，近来表现得很糟糕，顽劣不堪，对妈妈的话充耳不闻，这让我嫂子很难过。于是，我请她带上儿子来我们家里过周末。我们大人一起喝喝茶，让孩子们一起做游戏。奥斯卡还可以陪她儿子说说话。那天，在小哥俩玩尽兴之后，我听到奥斯卡对他的小表弟说：

"不要换妈妈，那样不好。我敢肯定，你自己的妈妈就是最好的。"

> 把在工作中的问题暴露出来，越早越好。这样可以促使团队去挑选最可行的替代方案。虽然这种做法有些激进，但确实能帮助我们走上正轨。即使我们没找到解决方案，也至少有机会去评估那些被忽略的事项。这种做法能帮你和周围的人看清楚哪些事情是当务之急，而你也会有更多手段去改善当前的处境，去珍惜你已经拥有但无论如何都不想失去的东西。

3. 蔬菜浓汤的故事

如果我们对身边的人足够关注,那么在正常情况下,要是有人正承受着巨大的压力,我们会很容易发现,因为他身上会反复出现一些相同迹象。

夏季假期结束后的一天,我朝着办公楼的主楼层走去——大家的办公室都在那一层。这片办公区很宽敞,面积超过1000平方米。为了找马库斯(Markus)谈点事情,我要穿过整个办公区,一直走到楼层尽头。

每次我想和在同一栋楼工作的某个同事谈事情的时候,我会尽量去找这个人面谈,而不只是打个电话或者发个邮件,这样我们的谈话内容不致外泄，而且还能够避免误解，更不用发那种经过好几个人编辑又抄送的超长邮件。不过，更重要的也许是我能在路上碰到其他同事。我要去找某个人谈话，就需要先搭乘电梯，在坐电梯的过程中，就能和其他人打招呼，要是不坐电梯的话，我是没机会碰到他们的。在和周围人寥寥数语的攀谈中，我"探听"到了不少关于大家生活和工作的消息，比如谁要举行婚礼了，谁怀孕了，谁要升职了……多亏有了短途电梯之旅，要不然我是无从知晓这一切的。

那天，我走到马库斯的办公桌前，他连头都没抬，更别说打招呼了。

"最近怎么样，马库斯？今年夏天的旅行还顺利吗？"我问道。

"说实话，我根本不记得这个夏天我都干了什么。我刚回来就忙得不可开交。我都不知道从哪里下手，我有几千封邮件要回复，好几摞文件要批阅，团队成员还觉得我可以给他们留出很多时间，实际上根本不是这么回事。哦，对了，出什么事了，你找我干什么？"

3. 蔬菜浓汤的故事

我本来打算和他简单聊几句,然后再对接工作,但是看见他这副样子,我只能跟他说请他当天晚些时候来我的办公室开个会。我敢肯定,在听到我说要开会的时候,他觉得我不胜其烦。因为我就像火上浇油一般,又给他加大了工作量。但不管他再怎么反感,我还是觉得这个会很重要,而且非开不可。

我回到自己办公室所在的那层,正巧遇到了首席运营官(Chief Operating Officer)胡利奥(Julio)。我说我有点担心马库斯,他看起来压力很大,而且怨气十足。

胡利奥问道:"你怎么知道他饱受压力而且心情沮丧?你不就是跟他聊了两分钟吗?他怎么说的?他都告诉你什么了?"

我心想,恰恰是马库斯什么都没说,才让人担心他可能压力太大,都快吃不消了。于是,我跟胡利奥说了我对马库斯的印象:

"我刚才过去跟他打招呼——大家都知道,我会跟每个度假回来的同事问好,但是他一直埋头看着电脑屏幕,甚至都没有抬头。胡利奥,他甚至看都不看我一眼！别误会，我不是觉得他故意对我粗鲁。但你不妨这样想：如果他连我这个公司总裁都满不在乎，你觉得他还会关注别人吗？项目经理确实有很多工作要做，但是身为经理，最重要的就是处理好自己团队的事，支持他的团队成员，倾听大家的意见，帮助大家解决困难。如果他连打招呼的时间都没有，你觉得他能管理好团队吗？我觉得他的问题远比你想象得严重。我们得赶快做点什么，不然他就垮了。会议定在今天下午，欢迎你也来参加。"

那天晚些时候，我们三个人在我的办公室里碰面，胡利奥说话从不拐弯抹角，直接问马库斯正在做什么。这样的开场白之后，马库斯开始大声抱怨我们的一个客户，说有的人磨磨蹭蹭不肯答复，这让他很不耐烦，而且他实在讨厌那些必须达成的指标……他从一个话题跳到另一个话题，根本说不清楚哪些事情重要，哪些事情不重要。他的这番话着实让人不舒服，听他讲话的人不难发现，他根本就是力不从心。胡利奥好几次打断了马库斯的思绪，问了问具体情况，让他展开说说，甚至还为马库斯

3. 蔬菜浓汤的故事

抱怨的人辩解了几句。但是这样做并没有帮到马库斯，当然胡利奥原本是想帮他的，只是事与愿违，马库斯的态度反而更消极了，他开始为自己辩解起来。

我不知道怎样才能让马库斯冷静下来，但我可以确定：继续谈论他故事里的各种细节，不会有任何收获。他对每件事都顾虑重重，这意味着我们很难抓住他的注意力，也很难让他不要执着于那些细节。我感觉得到，他之所以如此担心，部分原因在于他觉得有人比他更能胜任这份工作，这让他压力倍增。面对这样的情况，重要的就是作为他的倾诉对象的我们愿意倾听再倾听，当他还没准备好听你说话的时候，最好不要告诉他任何解决方法。在那一瞬间，我想到了女儿劳拉，想到我们两个一起为她第一天上学做准备的往事。我觉得可以把这个故事说给马库斯听，或许能吸引他的注意力，让他想点别的事情，哪怕一会儿也好。

"容我插句话，马库斯，很抱歉，我们一来就谈工作，也没问你现在状态好不好。还有，我要跟你道个歉，刚才谈话的时候我有点走神了，想到了今早我女儿的事。你介不介意我跟你聊聊这件事，然后再谈工作？"我试探地问。

胡利奥看起来既惊讶又困惑，不知道我要干什么，但他什么也没说，因为他知道我不会无缘无故地打断他。我讲起了早上发生的故事：

今天是劳拉第一天上学。她从上周就开始忐忑不安，什么都要担心，我很难让她平静下来，直到昨天我都不知道该怎么帮她调整情绪。更糟糕的是，劳拉自己也说不清楚她到底在害怕什么。

"学校到底什么样啊？要是我迷路了怎么办？要是老师不好怎么办？要是老师不喜欢我怎么办？要是我交不到朋友怎么办？"她的问题越来越多，说个不停的她连嘴唇都颤抖起来。

我惊讶地发现，那一连串"要是……怎么办"的问题都很消极。突然，我想到了一个办法来结束这些悬而未决的问题。我需要确定一件事，就一件事，然后我们就聚焦在这件事上，找到解决办法，那么劳拉就会忘了其他问题。于是我和她说：

"我知道你想了很多很多，担心明天出岔子……

3. 蔬菜浓汤的故事

不过有一件事你没提到。"

劳拉瞪大眼睛问:"那是什么,妈妈?"

"要是午餐吃蔬菜浓汤怎么办?我们都知道你讨厌蔬菜浓汤,所以家里从来不做这个。可是到了学校,他们让你吃这个可怎么办呢?"

"妈妈,我不想吃蔬菜浓汤!我不想上学了!"

就这样,我把她的所有焦虑集中于一个问题:学校的午餐可能会有蔬菜浓汤。我相信只要能解决这一个问题,吸引她的注意力,就能让她忘掉其他所有烦恼。

我问道:"好了,劳拉,让我们想想办法,你有什么主意吗?"

我从她口中听到了一连串天马行空的想法,比如把蔬菜浓汤藏进衣服口袋,假装不小心把盘子摔在地上。于是我顺着她的话建议说:

"不如我们明天去学校的时候跟你的老师谈谈,跟她说清楚你不喜欢蔬菜浓汤。我觉得她会理解的,然后就不会强迫你非吃不可了,这个要求合情合理,不是吗?"

"真的吗?妈妈,你会告诉老师吗?"

这是一段很有意思的小插曲，我竭尽所能地帮劳拉把庞大而抽象的恐惧转化成了具体问题。现在唯一的问题就是我会不会把她不喜欢蔬菜浓汤的事告诉老师。我只是简单说了句"我会的"，然后她所有的担心害怕就不见了。

"要是你明早能提醒我一下，那我肯定不会忘了告诉老师的。"

听到我这句话，劳拉的脸色就好像多云转晴一般，她终于平静下来了，不再忧心忡忡。

"今天早晨，她一醒来就格外兴奋，期待着自己的第一个开学日。你肯定能猜到她跟我说的第一句话是什么。"

一直认真听我讲故事的马库斯闻言，大声接话说："当然！她肯定要保证你没忘记蔬菜浓汤的事儿。"

"没错。故事就快讲完了，不过我想请你再听听后面的事儿。"

我和劳拉到了学校后直接就往劳拉的教室走，芭芭拉老师正在迎接新生和家长。周围孩子们的哭声和笑声此起彼伏。当时到场的家长和学生还不算

3. 蔬菜浓汤的故事

太多,于是我们就找到老师,跟她聊了起来。

我说:"您好,芭芭拉老师,这是我女儿劳拉,她今天上学特别高兴。是不是啊?"我问劳拉。她没吭声,只是腼腆地朝老师笑着。"不过有件事让她很苦恼,我想请问您有没有办法能帮我们。"老师好奇地看着我们。我觉得她刻意夸大了好奇的表情,为的是引起劳拉的注意。

"劳拉在担心什么呢?"她问道。

劳拉抬起头,等着我说这个事。她的小手紧紧地抓着我的手,盼着我能快点说清楚。于是我接着说起了她的烦恼:

"劳拉吃饭的习惯很好,几乎没什么忌口。但唯独有一道菜她接受不了,那就是蔬菜浓汤,她很担心学校会强迫她吃这个。"

芭芭拉老师看着我,脸上绽放出大大的笑容。她在劳拉身旁蹲下身来,对她说道:

"告诉你个小秘密,我也不喜欢蔬菜浓汤!你不要担心啦,要是哪天午餐有蔬菜浓汤,那你不吃就行了。安东尼奥,就是我们学校的厨师,他做饭特别好吃,我保证你肯定爱吃其他的菜,所以没什

· 025 ·

么好担心的。"

就这样,第一天上学的劳拉放开了我的手,笑着看向老师,问我们她能不能去玩儿。不用担心吃蔬菜浓汤,还能和小伙伴们一起玩新游戏,这让她兴奋不已。

马库斯一开始有点诧异,不明白我为什么要讲这个故事,但随着故事的展开,他在仔细听完后马上第一个开口,笑着说道:

"你说得没错,是我太焦虑了。就像今天早晨的劳拉一样,也许我可以寻求他人帮助。谁知道呢,说不定我也能找到自己的'蔬菜浓汤'问题。"

之后他换了一种口吻重新讲述自己现在的境遇。他表现得冷静沉着,不时停下来思考接下来要说的话,确保我们都在认真聆听。慢慢地,他整个人的举止和态度都不一样了。他不再觉得胡利奥的问题是在故意针对他,相反,胡利奥的发问恰恰是在帮他直面困境。他认真听取了我们的建议,比如如何管理收件箱,好让自己不再被邮件打扰。我们还建议他花一天的时间来安排工作日程,帮团队解决问题。他也终于理解了,我们不是来给他增加工

3. 蔬菜浓汤的故事

作量的，而只是单纯地想鼓励他以更好的状态投入工作。

> 在饱受压力和焦虑的时候，每个人的状态都差不多，大家往往分不清本末主次和轻重缓急。当所有事情扑面而来的时候，我们就会失去行动力。我们只有慢慢解开这个复杂而且难以捉摸的难题之网，进而把所有问题分门别类，才能看清问题的本质。我们继续前行的唯一办法就是解开网结，化解难题。这说起来容易，做起来难，首先，也是最重要的一步，就是你要确定摆在你面前的问题是亟待解决的。要是你能找到自己的"蔬菜浓汤"难题，你一定会大发感慨：原来这个任务这么简单啊！

4. 定义领导力，每个人都有低谷

这几年，我曾多次参加由巴塞罗那全球协会和加泰罗尼亚企业家基金会（Barcelona Global and FemCAT）举办的一个特殊项目。该项目面向西班牙全国的17岁高中生，目的是让学生们了解成为领导者需要哪些品格和资质。

这是一个精心策划的项目，我觉得非常有趣。各大集团的总裁和经理将在一个多小时的时间里跟学生们分享自己商海沉浮的经验。这是一个商界领袖和学生们近距离交流的好机会。

我们希望出席大会的每位听众都能更投入地倾听我们的演讲，所以在开场的时候，我们往往会问

4. 定义领导力，每个人都有低谷

学生们一个问题：一名公司领导通常需要具备哪些个人品质？尽管学生们来自不同学校，他们的答案却惊人地相似：一名领导必须懂得如何发号施令。有一次，我问他们："你们觉得我每天都在做什么？"有人大喊："炒掉员工！"有意思的是，像"吹毛求疵""死板教条""顽固不化"和"作威作福"这样的贬义词在学生们的回答中多次出现，而形容人优秀品质的褒义词却很少听到，比如"创造力强""积极向上""平易近人"或"诚实可靠"。人们可能会从学生们的回答中得出如下结论：能不能当上领导，和他是不是好人没有关系。

我希望听众明白的是，公司老板也好，经理也罢，这些人和他们的共同之处远比他们想象的要多。我之所以在大会上这么说，其中一个目的就是要让学生们明白，只要有意愿，他们也可以自主创业，自己当领导。领导者应具备的素质这一问题，能让他们进一步认识到，一名领导所需要的品质和他们珍视的普通人所拥有的美好品质是一样的。为了让听众们忘掉他们脑海中的那些刻板印象，我开始和大家讲述自己的经历，并分享我的人生故事。

"也许我某一天会因为事情不顺或某些意外——比如我女儿在学校出了点事或者有客户对我不满——而陷入负面情绪。要是我控制不好自己的脾气和散发的能量场,在家里疾言厉色地讲话,或者在工作中发表不当言论,那么身边的人就会被我的负能量影响。我希望你们能明白,每个人都会或多或少地展现出友好、诚实和勤奋的品质,但是没有人会事先戴上一副看似邪恶的面具,然后再出门去打工或去当领导的。现在对你讲话的这个人也是稍后回到自己办公室的那个人。她在下午可能会去约朋友一起喝咖啡,到了晚上可能会和家人一起共进晚餐。在上述这些场合,她都想展现出自己最好的一面。这么说吧,对于之后要见的朋友和等下要谈话的员工,我不一定抱有同等程度的信任,但是我对他们的尊重和敬意没有任何偏差,因为他们值得被尊重。我觉得每个人都应该这么做。

"就我而言,我要时刻准备着从一个场景切换到另一个场景。做好心理准备之后,我就能更专注于要打交道的人或要处理的事。可身处不同场景中的'我'始终都是同一个人,会犯错,会不安,但

4.定义领导力,每个人都有低谷

也不乏优点和才能。"

在聊到这里的时候,我有时会请听众回答下面几个问题:

"如果有一个人愿意倾听你的想法,帮助你完成项目,而另一个人只会对你颐指气使,那你更希望和谁一起共事?"

耳边充斥着同学们的答案,而我则继续发问:

"如果大家更愿意选择一个能帮你拓展职业道路的团队,拥有一些给你指明正确方向的同事,而你们的经理却总是与你们相背而行,那他还有存在的意义吗?在管理公司方面,最重要也最困难的事是什么,你们知道吗?"

他们的回答让我很是震惊,居然没有一个人提到招揽或挽留那些能力出众的员工。

"人才是最重要的。永远记住这一点,一个公司必须要有一批出色的员工,否则它一无是处。能够激励并留住优秀员工的领导才是称职的领导。

"如果领导能够努力管理好公司,让员工们觉得心情畅快,员工们自然就会尽全力做出成绩。但如果领导让员工们感到不舒服,他就会看到员工们离他而去，另谋高就。你们要是员工也会做出这样的选择，难道不是吗？"

通过讲解一系列不同的案例和精彩的问答互动，我想让学生们明白，大多数领导者和他们没什么分别，一样都有梦想、有目标，有时候能大获成功，有时候则会徒劳一场。当然，领导者有时也会把事情搞砸，也会犯错误。电影中出现的公司老板往往是自私、刻薄的男性，与现实生活中的领导形象相去甚远，因为当领导的不一定都是贪得无厌之人，也不一定非男性莫属。

> 对领导的刻板印象已经深入人心，我们这些当总裁、经理的人，在领导团队的时候必须引以为戒。我们要反复强调的是：领导和其他人一样，有高峰，也有低谷。领导他人不是要发号施令或颐指气使，而是要信任团队，与大家同甘共苦、风雨同舟。

5. 尊重他人

在纽约生活的那段时光令我终生难忘。在此期间，我读完了让我受益匪浅的一本书：贾妮尔·巴洛（Janelle Barlow）和克劳斯·莫勒（Claus Moller）合著的《抱怨是金》（*A Complaint is a Gift*）。这本书提醒我们，接到客户投诉后，回以借口和空洞的道歉是不够的，我们要真诚待之，而且还要感谢客户，把他们的投诉当成改进产品和服务的机会。正是在读了这本书之后，我才萌生了自己开公司的念头，去帮助人们更好地应对投诉，将投诉转化为改善经营的机遇。我至今都想不明白，客户投诉明明就是一条非常可靠的产品反馈渠道，但

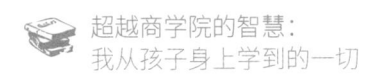

仍然有公司对此漫不经心。

这一点对处理公司内部的事务同样适用。为员工提供直接表达意见、想法和批评的渠道是关键，但有些经理对此颇为不满。我时常会收到员工的投诉，其中提及经理们的疏忽大意之处。对待这些投诉和随后安排的沟通座谈，我一向都是高度重视和尊重，并且谨慎回复的。还有一点需要强调，谁被投诉其实并不重要，重要的是投诉意见要提交给某个特定的人，他或她能马上着手解决这些投诉。

有一次，我收到一位员工发来的邮件，我和这位员工没有私交。他在邮件中表达了对主管的不满，认为主管明显没有对他表现出足够的尊重。

收到邮件之后，我立刻回复了这位愤愤不平的员工罗杰斯（Roggers），回复中我提到，我会询问有关他描述的这个问题的更多信息，这样我们才能找到办法去改善这种情况。

我把这封邮件抄送给了项目经理，罗杰斯的主管需要向这位经理汇报工作。因为那天恰好安排了一场会议，所以我决定在会上提到这件事。

项目经理说："这可真稀奇，这位主管非常体

5. 尊重他人

贴善良，对团队成员很好，我以前从没接到过类似投诉。"

我试图直击问题关键。"那么，你如何评价罗杰斯这个人？"我问道。

"罗杰斯是荷兰人。他人很不错，是团队里技术最精通的人，谁向他求助，都能得到援手。有时候他甚至会应邀去给其他项目组提供技术支持。"

我没懂这句评价的潜台词，于是问："所以……他是个很难相处的人吗？"

"完全不是，他和大家相处得不错。不过，既然你提到了这个事，他的确有一些比较独特的特质。比如说，他是整层楼里唯一每天系领带的人，这让他很显眼。他可能也是团队里最年轻的那个，我估计他才20岁出头。"

"我想我有点明白是怎么回事了。你能帮我转达那位主管，让他今天下午来见我吗？我想和他谈谈。"

"来你办公室谈话可能会让他感到焦虑，我能出席这次会议吗？"

"当然，很高兴你愿意来，你加入的话效果可能会更好。"

我当时还不确定要怎么开展这场谈话,忽然之间,我记起几天前我84岁的父亲邀请我9岁的女儿劳拉共进午餐的事。

劳拉的外公邀请外孙女共进午餐,而且就只有爷孙两人。他问我维亚·维奈托餐厅(Via Véneto)是否合适。我一开始有点惊讶,因为这家餐厅是巴塞罗那当地最优雅的餐厅之一,以挤满了用餐的商务人士闻名全城。但是我很快就意识到,这是我父亲最常去的地方之一,他觉得在那里吃饭最自在。餐厅的人也很了解他,服务非常用心,我觉得选这家餐厅再好不过了。

想到要去这样的场合,劳拉精心穿戴了一番,那天,她牵着外公的手走进餐厅。在门口迎宾的服务生向他们问好:"下午好,嘉赫丹先生;下午好,女士。"这是第一次有人用如此正式的口吻向劳拉问好,我相信,从那一刻起,她一定表现得大方得体,如同一位真正的淑女。劳拉和外公面对面就座,他们的位子都是提前预订好的。她手里拿着菜单(她可能看不懂上面的菜名),但也不忘左顾右

盼,仔细观察周围的环境,然后她说了一句话,让我父亲久久不能忘怀:

"外公,您注意到了吗?餐厅里只有四位女士,其他的都是男士。"

我父亲看着人群,仅仅看到三位女士,于是他告诉劳拉,自己只看到三位女士。

"外公,那是因为你没把我算进去。"

因为她也同样被称呼为女士,加上餐厅环境优雅,劳拉一点儿也没有怀疑,她自己就是属于在场的其中一位淑女,即使她和其他女士之间有着巨大的年龄差距。

回到罗杰斯的问题上来,也许他的主管并没有对他不尊重,也许他只是习惯了另一种相处方式。我们可能会认为自己有礼有节、善待他人,可是文化差异可能会导致他人以不同的方式解读我们的意图。

身处优雅的环境之中,劳拉立刻就明白自己要表现得体,服务生和她讲话的方式、场合的氛围都要求她这样做。我们可能没法得知罗杰斯从自己工作的场合中观察、解读出了什么信息,但是我们可以假设公司的环境可能比他荷兰老家的环境更不正式、更随意散漫。而这一点正是我们那天下午需要共同发现、澄清的问题和观念，如此一来才能学会如何在未来更好地处理类似事务。

> 理解不同的态度，破解不同的行为规则，可以帮助我们创造一个充满信任感的环境，让身处这一环境的每个人都能自由地行动、成长。但是我们必须注意，在如今这个全球化的世界中，行为规则可能不是普遍有效的，有些事可能会在传播过程中由于误解而丧失意义。我们得学会倾听，尤其是倾听他人的批评和投诉，才可能有机会在问题中学习、成长，然后解决问题。

6. 一次谈话抵得上千封邮件

不可否认，技术使沟通变得不可思议的便捷。但这也意味着，很多相关信息会在沟通过程中丢失！邮箱里时不时就会收到一封超长邮件，读者应该知道我说的是什么，就是那种包含一行行往来对话、长得难以置信的邮件。最先是某人写了几句话发给另一个人，这个人抄送、编辑之后回复邮件，紧接着第三个人加入了两人的对话，之后第四个人又想说点什么，这封邮件就这样没完没了起来。发件人的口吻变得越来越焦躁，最糟糕的是，他们很难通过邮件达成一个最终解决方案。每当我被卷入这个长长的邮件循环链的时候，我就试着把它打断,给参与各方打电话,请他们亲自到场讨论,不要再噼里啪啦地敲键盘。大多时候,实际参与者就没几个人,还坐不满三张桌子。

我最近读到一篇文章,文章中提及,物理距离的亲近能让人们更好地沟通,物理距离的拉近可以提高工作场所的效率。这对我来说是个不可辩驳的真理。不可思议的是,人们在办公场所中面对面地交流时,相隔十米和相隔三十米的沟通效果大不相同。

玛丽亚(Maria)就是一封超长邮件的发起者,我读完邮件之后无意间遇到了她,于是邀请她到办公室去谈谈。

我知道她最近一直忙着家里装修的事,几天前她还在办公室讲了个很有趣的故事。玛丽亚是波兰人,只信任波兰的装修工。她下定决心要找老乡来帮忙,让他们在施工期间住在自己家里。这可是一段妙趣横生的经历,我们因为她家的笑料开怀大笑了好几次。

我问玛丽亚:"你的房子装修好了吗?还在施工吗?"

6. 一次谈话抵得上千封邮件

"装好啦!已经完事儿了!装修得特别棒,我现在有个属于自己的大卧室,还有一个卧室给我儿子乔纳森(Jonathan)。工人们干得不错!"

"你儿子最近怎么样?"

我知道玛丽亚一年前离婚了。她之前还让我推荐过律师,之后告诉我说她们夫妻俩共享儿子的抚养权。

"他还不错,就是不愿意和我说话,我很伤心,他之前不是这样的。我猜,对于他这个年龄的人来说,这还挺正常……比如,他在他爸爸家里的时候,我给他打电话,他只回答是或否,回我这里也不说他和爸爸都干了什么。"

"哎,听到这个我也挺难受。那他享受和爸爸在一起的时光吗?"

"他和爸爸相处得不错,他们会一起干很多事,尤其他爸爸现在还找了个新的女朋友……"

我不太愿意在工作的时候问同事私人问题。一方面,我知道这些事与我无关。但另一方面,我又有着强烈的信念,觉得我的职责之一就是保证公司里的每名员工都保持良好的状态,而如果一个人的私生活出了岔子，那他的工作状态必然也好不到哪儿去。所以如果我觉得自己有好的建议，能给他人指点一下，帮帮对方，那我就会把自己的想法说出来，并尽量用小心体贴的口吻说话。多年来，我觉得用自己的经历做例子是一种很好的方式。这样一来，听我分享的人会觉得更轻松，更愿意用开放的心态听我讲话，还能从中得出自己的结论。所以我觉得可以帮帮玛丽亚。

我开始说道："不久前，劳拉抱怨了很多年前发生的一件事，她说的话让我既震惊又伤心。"我继续说，"我们做父母的，总想把最好的给孩子。可是我们没法子，也没能力永远不犯错。也许跟你说说这件事，能让你避开我犯过的错。"我讲起了多年前的那件事。

劳拉她爸爸和我都觉得，让劳拉体验一下英国的寄宿学校对她来说会是一段不错的经历，既能提高她的英语水平，也能让她和同龄人有更多时间相处。我有些朋友之前就是把孩子送去英国寄宿，孩子们从英国回来后兴奋不已。劳拉当时 9 岁，哪怕知道异国经历会是非常不错的体验，我还是会担心

6. 一次谈话抵得上千封邮件

要是整年都让她离家在外,她可能不太合适,就算我们经常去看她也不够。所以我们一开始就想着只让她去一个学期。劳拉很擅长外语学习,对她来说,一学期就足够她提高英语水平了。但我和她爸爸还是下不了决心,所以最后,我们让劳拉自己去做选择。我们和她说,她可以选择寄宿一个学期,要是最后觉得自己想待满一整年也可以改变计划。

劳拉离开家去了英国的寄宿学校,在那里度过了一段美妙时光,但是学期一结束,她就打算回国,然后她就回家了。两年之后,轮到她弟弟奥斯卡去寄宿学校了。这一次,因为已经知道寄宿学校的经历很好,我们决定换个计划,我和孩子爸爸告诉奥斯卡,我们给他在学校预定了一整个学年的位置,如果有什么事,他也可以随时回家。奥斯卡在英国待满一年,度过了愉快的时光。

很多年过去了,那天,劳拉跟我说,她看到奥斯卡可以去一整年,而她自己只去了一个学期,觉得很难过。

我很困惑,于是和她说:"可是,当时不是你决定要回家的吗?"

"你们真的觉得一个9岁的小女孩儿可以自己做决定吗?你们知道我当时在想什么吗?我当时很焦虑,要是我跟你说自己想待在寄宿学校,因为学校里更有趣,你和爸爸会不会觉得我不爱你们了,更喜欢学校,不喜欢你们?你们让我压力很大!"

现在回头看看这段经历,我能明白劳拉是对的。我和她爸爸高估了女儿的成熟,让她对自己的决定负责任,可是这个责任一开始就不该由她来担负。

玛丽亚仔细听了这个故事,打断了我,温柔地问:

"你觉得乔纳森会感到焦虑,不想对我说,没有和我在一起时他自己也过得很开心吗?"

我冷静地回答:"嗯,有可能,不是吗?你越是和他说,他不在的时候,你很想念他,数着日子等他回来,他就越有负罪感,因为他不和你在一起也很快乐。"

"我根本没想过这个可能!你知道吗,我觉得你是对的!我也是这样,我也不会和他说他不在的时候我做了什么,我觉得这样做就不会伤害他。天哪……我真的轻松多了!我最近一直为这件事感到

6. 一次谈话抵得上千封邮件

伤心，说实话，我觉得自己都快无心工作了。"

之后，我们转而谈起其他话题，最后讨论到了那封超长邮件。我告诉她，这种没完没了通过邮件的讨论有害无益。我们一起过了一遍邮件，她意识到自己的一些回复是多么粗鲁、荒谬。玛丽亚对自己的那些粗粝言辞感到羞愧，一离开我的办公室她就去和一个与之发生龃龉的同事道歉了。

她离开之后，我想到了劳拉。我觉得自己要感谢她那天下午的批评，那段话帮我解决了同事玛丽亚的困境。

> 我们的身体和眼神有时候会传递文字不能传递的信息。我们需要创造一个充满信任感的环境，这样人们才能敞开心扉。让大家觉得自己被倾听是非常重要的，尤其当我们希望进行一场真实有效、有所助益的谈话时，倾听能让我们理解正在发生的事情，还能让我们知晓如何据此采取行动。

· 045 ·

7. 去公园

莫妮卡（Monica）、桑德拉（Sandra）和我在喝下午茶。我们已经很久没有见面了，因此觉得要互相聊聊近况才行。我们这几个朋友的孩子年龄相仿，所以就和往常一样，见面之后不久，我们的聊天话题就会转向做职场妈妈的经历。

莫妮卡那时已经在职业生涯的顶端站稳脚跟了，因此她并不觉得自己对待家庭有什么负罪感。她直率地和我们聊起她经营生活的方式。

"说句实话，我从没带孩子们去过公园，哪怕是最大的那几个，生他们的时候我还年轻，所以找了别人帮我带孩子，不过我倒不觉得这给孩子们造

7. 去公园

成了什么心理创伤。"

桑德拉在艺术画廊工作,而且已经决定不再从事全职工作,以便有更多的时间陪伴女儿成长。她说:"一次也没有?得了,你太夸张了。你不会都没喂过母乳吧,真的假的啊?"

莫妮卡回答说:"我没给孩子喂过奶,但他们现在看起来也挺好的。"她并不觉得被桑德拉的问题冒犯到,这俩人老早就是朋友了,早就意识到她们之间存在着诸多差异。

莫妮卡转头看我,问道:"你呢?你用母乳喂过孩子吗?你会时不时地带孩子们去公园吗?"

"嗯,孩子出生之后的头六个月都是我哺乳。我喜欢那段哺乳经历。不过,孩子出生以后我没得产后抑郁症,当时甚至从没听说过这个词,但是之后就变得糟糕了,哺乳结束时我倒抑郁了。那时候对我打击最大的就是意识到自己并不重要了,什么人都可以用奶瓶给我的宝贝女儿喂奶。那时候我花了好长时间才搞清楚,原来自己那么难过。"

桑德拉试着回忆了一下,然后问道:"可是劳拉出生的时候,你不是刚成立公司吗?"

"是的，医生不得不给我做剖腹产手术，这个创伤很大。不过我一痊愈就立刻返回工作岗位了。我不能真的就把团队扔在那儿，毕竟大家当时已经投入了大量精力才把公司办起来。我当时很幸运，身边的人都很不错，不管是单位同事还是家中的亲人。实话说，要是没有他们，我肯定不能这么顺利地度过那段时间。当时我得去办公室上班，照顾劳拉的保姆会带她去附近的公园。要是劳拉饿了，保姆就会带着宝宝来办公室让我喂奶。那是十分深刻又亲密的时间，让我心中十分宁静、平和。下午我会居家办公，之所以可以这样，要感谢当时的技术已经可以实现这一点。奥斯卡出生之后也是一样的安排。有时候，姐弟俩会一起来我的办公室。现在还跟我一起工作的老同事，从他俩很小的时候就认识他们了。我觉得，有时候大家把事情弄得太复杂了。为什么非得在母乳喂养和继续工作之间二选一呢？当然，很多女性的处境比我难得多，她们需要帮手，但总有人可以帮她们带孩子，这说明做母亲之后继续工作并不是不可能。

"一次，我读到一篇文章说，在孩子面前给他

7. 去公园

或她的弟弟妹妹喂奶不好,因为孩子会嫉妒。劳拉第一次看到我给奥斯卡喂奶,她目不转睛地睁大眼睛看着,满是好奇的样子。我记得当时刚读过那篇文章不久,不知道该为此做点什么。之后我觉得最简单的办法就是平静地向她解释喂奶到底是怎么一回事。我跟劳拉说,我正在给她的小弟弟喂奶,问她要不要也来尝尝。她点点头,靠近一些,试着吮吸,然后她就觉得生活中干点别的事比喝奶有趣多了。之后,她再也没问过关于喂奶的事。

"虽然说了这么多,但我并不想指责任何不想给孩子喂母乳的女性。我觉得最重要的事是要给妈妈们提供帮助,用各种必要的手段协助她们,让想要哺乳的妈妈可以选择这样做,而不需要因为工作必须放弃这段经历。"

桑德拉说:

"莫妮卡,我跟你说说在公园里碰见埃莱娜和孩子的事儿。

"当时我们一起去公园,她的孩子可能才三五岁的样子,我女儿米丽娅姆(Miriam)当时 7 岁。我和埃莱娜坐在长椅上,一边聊着天,一边看着孩子们玩耍。过了一会儿，我注意到劳拉和奥斯卡身边到处是捡来的鹅卵石和其他石子。我想着他们可能要建个房子，这已经让我觉得姐弟俩十分有创意了，因为大多数孩子都只是玩沙子或者荡秋千的。不过不是的！你根本猜不到他们做了什么。大的石头是电脑，中等大小的是键盘，更小的则是手机。我们看到劳拉拿起'手机'接电话说：'早上好，有什么我可以帮您的吗？'她假装听到了答案，然后把听到的信息输入她的'电脑'中，奥斯卡也拿起另一个'手机'接起了电话……"

桑德拉的讲述让我回忆起那天的经历，我觉得这真的太棒了，孩子们看着我工作，知道我在做什么，那天在公园，孩子们还会把大人的工作变成游戏。这让我明白，我们做的事并没有那么严肃，甚至可以说，孩子们教会了我们十分需要的那种谦逊感！我之前提到过，公司里的同事从我孩子是宝宝时就知道他们了。但反过来说也是可以的：我提到公司里的某个人，无论是劳拉还是奥斯卡，他们都知道这个人是谁，长什么样子。对于他们来说，我的工作不是什么抽象神秘的东西。而且，把生活的

7. 去公园

这一面分享给孩子们,对我来说真的很棒——他们的无意识行为给了我很多宝贵的建议!

回到那次下午茶聚会,我们一直聊天、分享,讨论我们的生活冒险,满是温暖和从容,那是漫长的友谊能提供的最佳氛围。我们因这个世界而欢笑,也因我们的生活而快乐,我觉得这样的聚会是今天这个时代存在过的最棒的疗愈方式之一。

> 把自己分裂成不同的身份碎片并没有什么好处,比如试着去做完美的母亲、完美的伴侣、完美的朋友和完美的职场人。你会因此发现,你只是一个热爱生活,想要尽可能活得精彩的人。生活的美妙之处就在于不同面向之间每天会产生互动、交织,并不断拓展彼此。

8. 等等……我们要去哪里？

我在开会，会上讨论一个客户的问题。我担心从客户的付款账户得到的收益越来越少。项目经理、质检经理和运营经理都在场，还有其他参与这个项目的人也在场。每个人都在思考怎么解决手边的问题，提出的建议也大不相同，不过所有人都提及要投入更多时间、更多资金和更多人力。这似乎是在往一个不确定的未来投入越来越多的"沉没成本"。我走神儿了，看着办公桌，上面摆着奥斯卡和劳拉的照片，那是几年前我们在马塔拉纳（Matarraña）徒步旅行时拍摄的。

我们和另一对夫妇一起策划了这次旅行。他

8. 等等……我们要去哪里？

们是我们的老朋友了。我们计划周末在特鲁埃尔省（Teruel）的一个漂亮的古镇过周末。周六我们开始徒步旅行，绕着一条小河走，小河周围都是漂亮的绿树。忽然，我们发现自己正试图穿过的山谷充满恐怖，我们脚下的路既狭窄又陡峭，和那些古旧的陡坡离得非常近，所有人都得非常小心地保持平衡才行，因为小路旁边几乎没有围栏。我们慢慢走着，一言不发，所有人都明白，一旦掉下去会非常危险。大家照看着彼此，确保不会发生意外。忽然，我们听到孩子尖锐的声音，很明显是奥斯卡在说话，他那时候正摇摇晃晃地走在我前面。

"等等……我们要去哪里？"

一个4岁小男孩的突然发问点醒了我们。那一刻，我们难以置信地看向彼此，震惊于我们竟然会走到这种地方，而且还是带着孩子们。我们怎么能将大家置于如此险境！没人回答奥斯卡的问题。我们只是马上掉头，稳稳当当地往回走，直到走到一片安全地带后，才长长地舒了一口气，这段惊险之旅终于结束了。那天晚上，我们突然后怕起来，要是一意孤行地带所有人过河会是多么危险的一件事。

我强迫自己将注意力转回到目前办公室发生的对话中,人们仍然在讨论和客户合作的各种可能。忽然之间,我被奥斯卡的问题启发,想了想,问道:

"等等……我们要去哪里?我们要做什么?我们的目标是什么?"

之后我们决定要立刻和客户面谈,向他们解释,我们不能再合作下去,因为对方投入的资源太少。想到还有这个选项,我们所有人都轻松了不少。接下来,我们可以用完全不同的方式来处理这个问题了。

最终,我们想出了其他的解决方案给客户,让对方继续提供资源给我们。

> 有时候,抬头看看前路是很重要的。我们得停下来,想办法绕开眼前的危险和复杂状况,真正用心地去思考我们选择的路是不是通往正确的方向,思考我们是否要掉转方向,做些完全不同的事。

9. 提出加薪

薪水是非常重要的话题，我们必须对其高度重视。诸多研究表明，男性收入高于女性的现象甚至存在于同一机构内的同一岗位中，哪怕两者的工作内容一模一样，也是如此。男女之间的收入差距令人完全无法理解。在一些特定类型的工作领域，男女收入差距既令人无法接受，也显得极不公平，但人们还是会想方设法寻找"原因"去解释这一性别差异带来的收入差距。我们得意识到这些所谓"原因"的存在，采取行动去缩小男女间的收入差距。大多数情况下，我们要自己去关注这样的问题，不能只是袖手旁观。

如前所述，我和另外三名员工于1994年创立了自己的公司——辛古拉。2001年，公司员工增加至60人。塞勒拜特集团收购了辛古拉的大部分股份，并任命我为西班牙分公司的首席执行官（Chief Executive Officer，即CEO）。没过多久，它就成了集团中规模最大、盈利最高的分公司。我们投入大量技术和精力来吸引、挽留和发展人才，公司发展得一年比一年好，保持着积极健康的盈利势头。

我最终和公司的新老板商量的薪资是非常优厚的，大概是之前薪水的两倍。直到今天，我仍然记得和新股东的第一次商谈。那时候，我对薪水还没有什么异议。据我所知，我签给自己的薪水是公司能够支付得起的。但那个数字并没有反映出我的工作内容，也配不上我对公司的忠心耿耿，我只是保证了自己手下员工的薪水具有市场竞争力，配得上他们的辛勤工作。不过，当公司忽然变成了跨国公司的一个分部时，我的薪水就变成唯一不符合市场行情的了。

起初，我把加薪的事情搁置了下来。我当时觉得开口要求为自己加薪有些难为情，反倒是为手下

9. 提出加薪

员工争取更好的待遇要容易得多。我想的是,也许股东们看到我的业绩不错,会主动给我涨薪。但是等了一段时间之后,我并没发现任何迹象。最后,我决定自己出面争取应得的待遇。要是我再不开口,可能还会被人误解,我甚至都怀疑自己不够尊重自己了。我心想:"不主动捍卫自己的利益,就很难得到他人的尊重。若想领导一家公司,能够获得他人的尊重,至关重要。"不仅如此,员工也需要看到他们的CEO被总公司重视,这会让他们也与有荣焉。左思右想之后,我鼓起勇气去要求涨薪。我预想的是面对一场极其艰难的战役,因此为谈话做了充足准备。我直接去找公司董事长,对他提出了加薪要求。我说,无论是从我肩负的重任、团队的规模、还是创造的营收来看,我的薪资水平都不及我的付出。之后,我报给他一个数额,那是我觉得自己应得的收入。

他说:"好的,你继续说。"

我要求此后每年涨薪,虽然我知道自己的薪水已经相当不错。不过我的员工也都会每年向我提出涨薪要求,要是我自己不提出同样的要求,那员工的发展潜力也会受阻。德国董事长没有拒绝过我的请求，总会祝贺我在工作中所取得的成就，赞扬我对公司的忠诚。但我很确信，要是我没要求涨薪，公司方面绝对不会自动给我相应的待遇，我当然也不能留住那些团队中的人才。也许我的例子表明，领导者要求高薪，事实上也意味着他间接地为团队中的下属争取更高的待遇，使他在为下属申请待遇的时候更容易。

我刚到公司开展工作的时候，有一阵子一直在思考，女性是不是过于局限自己，没有释放出自己的潜能。

当时我有四男一女五个直管下属。四个男下属每个都和我私下约谈过，我们开小会讨论工作成果、薪水涨幅及其他激励措施。和四个男下属开过会之后，我直接找到女下属，告诉她我很惊讶，因为她是唯一没有要求和我开小会涨薪的，尤其是那四个男下属都已经获得涨薪待遇了。

女下属当时什么都没说，但是几天之后，我发现助理安排了一小段时间，让我在晚上的时候见一下伊莎贝尔（Isabel），也就是那位女下属。伊莎贝

9. 提出加薪

尔到办公室之后,我示意她坐下。

"埃莱娜,谢谢你让我有机会得到更好的待遇。我现在要养两个孩子,处境很难(你肯定能理解),如果能加薪,那真是再好不过了。"

我很惊讶,一个职场专业人士怎么会说出这种话?她怎么会觉得她能得到加薪是因为我顾念友情或是同情她的境况?伊莎贝尔身为质检经理,难道没想过先去考量一下自己在公司的表现,再来协商她的待遇吗?我把这些想法和盘托出。但我的话可能让她觉得受到了伤害,她并没有真正理解我的意思,只是觉得被冒犯了,心里很不舒服。所以我觉得先就此打住,给她点时间反思一下自己刚说的那番话,于是我们约好下周见面再谈。

之后我们再开会时,伊莎贝尔冲进来就说:

"埃莱娜,谢谢你上周跟我说的那番话。我回到家后跟丈夫说起了这件事,还说你的那番话把我气坏了。然而,当我转述我们说的每一句话时,我慢慢地想明白到底是怎么回事了,我对迁怒于你感到羞愧。我获得加薪是因为我工作表现好,而不是因为我的生活处境,而且我应该敞开心扉地去对待我的团队。你再一次给了我时间和机会去思考自己的成就，阐述自己对公司和团队的贡献，比如增加项目产出、提高质量水平等。我把自己的工作业绩都写下来了，现在就可以给你看，然后回答你的任何问题。你说得没错，我值得加薪，我的薪水能反映出我的成就，以及在日后我可能要承担的新的职责。我还想争取其他形式的奖励，这让我有动力做得更好。要是那天你没和我说这些，我的薪水可能就要比其他同事差远了，谢谢你，埃莱娜。"

"伊莎贝尔，很高兴你能理解。我觉得很抱歉，你可能觉得，我对你的生活和家庭不感兴趣。和你团队里的其他人来一场类似的谈话同样很重要，因为你遭遇的情况说不定什么时候就会发生在其他人身上。我们希望自己可以因为取得的成就而得到奖赏，但事实是，如果我们不举起手，讨要想要的东西，那么我们就会被无视。人们可能不是故意如此，只是习惯使然。领导更习惯和男性下属一起工作，男人是不会错过任何机会跟领导表白自己的功劳和成就的。与之相反，女性只是静静地坐在那里，好像与己无关一样。不仅仅是涨薪的时候，晋

9. 提出加薪

升的时候也是这样。如果你是个经理或者人力资源主管,你会优先考虑谁?是一个一再强调他们干了很多事,成功克服了很多困难的男人,还是那个好像做了不错的工作,但你根本没听她说过的女人?"我又加了点自家的趣闻:"我女儿劳拉刚开始工作时,我很为她骄傲,她不仅很快得到晋升,而且在得知自己要升职的同一天,劳拉就去问老板升职带来的涨薪情况了。"

> 作为女性,要正确评估自己的工作成绩总是很难,这很可能是因为女性从小就被教育要低调行事。但问题是,不是所有人都能明白女性的谦逊低调,也不是所有人都能考虑到这一点。所以,如果你自己不发出声音,那么就会有人跃居你前面。记住,只是做好工作是不够的,如果想要自己的工作成果得到认可,你还得告诉别人,你做得很好。

10. 互换角色

那天我回到家的时候已经疲惫不堪，感觉心情不受控制地往下沉，这一整天都过得一言难尽。白天开会的时候，我没能主持好会议，当时我和一个提出解决方案的同事发生了分歧。更糟糕的是，我不仅没同意他的提案，也没能把握好谈话节奏，更没能把在场参会的其他人纳入讨论中。我想，如果当时有其他人参与进来，或许他们能想出更好的主意。

雪上加霜的是，家里还有另一场争论等着我——我和女儿劳拉因为一件事已经僵持许久了。为了找到一个让我俩都满意的方案，前一天晚上我

10. 互换角色

建议第二天晚上我们再讨论这件事。

"我们得定一个咱俩都觉得合适的门禁时间，总不能每天晚上因为你想出门，我们就吵一架。这太折磨人了，咱俩都不得安生。"

劳拉回答说："这很简单啊。我的朋友们在外面待到什么时候，我就待到什么时候，这样咱俩就不用吵架了。"

"真这么简单就好了。我和你爸爸都很担心你，我们凌晨三点醒来发现你还没回家，怎么能不担心你的安全呢？"

她争辩说："我都18岁了，能照顾好自己！你们多给我点信任不行吗？"

也许这一次我们都筋疲力尽了，双方都快要爆发了。但我忽然想到一个主意，于是对劳拉说道：

"我们互换角色怎么样，你来演我，我来演你，这样我们就能更好地理解彼此了。别那样看我，这不是在玩游戏，我们来试试。你试着想一下作为一个母亲的感受，试着理解我的害怕和担忧。我会假装是你。"

我模仿女儿的腔调，说了一堆让人听了耳朵嗡嗡作响的话，比如我晚上想出去玩儿，你得多信任我一点，我会对自己负责任的，会乘出租车回家，绝对不会打摩的，也不会随便坐朋友的车。最后，我说了句经典发言：就算我凌晨两点、三点或者五点回家，反正你们都睡了，有什么关系啊！

轮到劳拉上场了，她的表现比我预想的好得多。

"爸妈跟你唠叨这些不是因为不信任你，而是因为我们爱你。说得直白点，你那些朋友干了什么或者没干什么，我们根本不关心。明显是你自己不愿意回家，但我们没办法不担心你。你说得没错，我们不会整晚不睡地等着你。但只要我没听到你拿钥匙开门的声音，我就睡不踏实，半夜醒来就会看表，忍不住想你是不是出事了。"

扮演母亲角色的劳拉停下来深吸了一口气，继续说道：

"如果你同意我的五个要求，那我们就能达成一个咱俩都满意的解决方案。

"第一，要是你想和朋友一起出发，你可以坐朋友的车。但你回家的时候必须得乘出租车回来，

10. 互换角色

第二天你得给我看出租车小票。没有小票，你下次就不能这样出门。

"第二，过了午夜，你必须每小时给我发短信报平安。这样的话，我半夜醒来看到短信，就知道你平安无事。

"第三，点了饮料之后，不要把饮料放在吧台上不管不顾，要把饮料放在你的视线范围内，哪怕你去跳舞也是这样。我们听了太多可怕的故事，都是女孩子被下药之类的。

"第四，想去厕所的话，一定要叫上朋友一起去。

"第五，到家之后，一定给我发个消息，这样我就不用一直留心开门的动静。如果我半夜醒来，就能知道你没事，知道你没有彻夜不归。"

我感到不可思议，劳拉的提议竟然面面俱到，比我说得有条理多了。于是我和她爸爸同意了，之后再没和女儿吵过架。即使到了现在，已经成年的两个孩子只要住在家里，就会习惯性地在晚归的时候给我发消息，哪怕我不在家也是如此。劳拉不仅比我更清楚夜不归宿的风险，她还知道如何化解风险。

亲爱的读者朋友，看到这里，你们应该已经猜到第二天我是怎么主持会议的了。我要求每个人都和其他人商量、讨论，然后再交换角色和立场。我甚至准备了印着他们名字的卡片，分发给每个人，这样大家都能知道他或她在扮演谁。项目经理成了首席财务官，我成了人事主管。这个办法让我们能从不同角度审视正在讨论的问题，让我们看清楚矛盾点到底在哪里，让每个人都能参与其中。有意思的是，有的同事在为自己的观点据理力争时总是力不从心，但是在角色互换之后，用第三方的立场来为自己辩护，反而容易多了。到会议结束的时候，我们已经达成了各方都满意的解决方案。

在与人争论的时候，执意为自己辩解或者把自己的观点强加于人，从长远来看，没有丝毫帮助，只会让辩论中的各方感到挫败。我们应从不同视角去审视亟待解决

10. 互换角色

的问题。但要找到不同视角,光听别人说是不够的,你得换位思考,了解他人的经历和动机。通过角色互换,我们可以与他人共情,从而更加快捷高效地确定最佳解决方案。

11. 将来时与条件式

今时今日,沟通已然成了一个严峻的问题。这听起来似乎不可思议,但是在职场中,各类繁杂的邮件和经过编辑的信息已经让消息传达越来越不顺畅了,因为这些沟通方式正在阻碍人们使用电话交流或直接面谈。

通常情况下,人们在收到主题复杂或内容紧急的邮件后都想第一时间回复。但问题在于,人们回复得太快了,很多时候根本没注意到邮件的逻辑和结构。答复人也许只想提个建议或发表一点看法,但他的邮件读起来就像是在发号施令或批评指责。写回复的人想得不周全,收信的人理解有误,于是

11. 将来时与条件式

就形成了一个复杂局面,而相关各方都没能意识到问题所在,以及问题的根源。邮件本身已经不重要了,更大的问题是人与人之间的矛盾。

如果说沟通不畅是很多公司发展遭遇"瓶颈"的原因,那么在我们这样的公司——员工说着20多种不同的语言——情况会更糟,因为大多数谈话和书写都是用英语完成的。英语是公司的通用语言,让我们能听懂彼此的意思,但英语几乎可以说不是任何人的母语,这就导致诸多误解产生。使用语言要小心谨慎,这很重要,如果条件式的语态能让沟通更有效,那这个语态就值得经常使用。

我父亲不允许我们使用现在时和将来时说话。他总是说,我们必须非常小心并非常尊重地对待说出来的话及组织起来的句子。在我8岁时的某一天,我遇到了一件事,这件事证明了用正确的语态说话有多重要。

当时家里的小孩子(包括我自己)都在餐厅用餐,成年的孩子和其他年纪稍大的孩子则在客厅用餐。我是小孩堆里年纪最大的那个,这意味着我得负责保证所有人都表现良好。用餐的时候,我的几个弟弟爆发了小争执，他们开始互相扔纸巾、烤面包，还有桌上其他的餐具。餐桌上最小的几个孩子被年长兄弟们的有趣"表演"逗笑了，于是决定加入，大家扔起了勺子，根本忘记了自己的本来目的。结果，那个勺子正中妹妹伊莎贝尔（Isabel）的额头。伊莎贝尔开始流血，我们都静了下来，几秒钟之后，整桌孩子都看向我。尽管那时我还小，可我已经知道处理流血是件非常棘手的事。虽然伤口可能不太深，但我们必须要告知大人们，这样他们才能决定该怎么办。一定得有个人去客厅里向大人们解释刚才发生了什么，这个人只能是我——他们中最年长的那个。我站了起来，感觉自己双腿颤抖，心快要跳出嗓子眼了。我不确定自己这么惊恐到底是因为看到伊莎贝尔脸上的血，还是因为我恐惧于把情况复述给客厅里的听众。我走得很慢，想要鼓起勇气，我想，自己最好不要冲进去，不然大人们就会知道有意外发生了。到了今天，我还是很惊讶于那天晚上自己的表现。

我走进客厅，靠在门上。看到我之后，客厅里的每个人都安静了下来，等我说话。我还清晰地记

11. 将来时与条件式

得当时自己有多紧张。我斟酌着措辞（记住，我当时才8岁），解释刚才发生的事故，我这样说道："爸爸，我觉得你得过来一趟，饭厅里出了点事，可能需要你处理。"我把发生的一切都告诉了爸爸，他立即去查看了伊莎贝尔的情况。让我们松了一口气的是，爸爸给她洗完脸后发现，伤口并不像最初看起来那么严重。

我用了两个条件式。我没确认任何事，也没直接寻求爸爸的帮助，所以爸爸会如何理解我提供的信息，完全取决于他自己。

我还记得那天选择说出口的句子，这是个清晰的例子，在我家条件式是多么重要，哪怕是在极端的情景，如我刚才描述的那样，我也得用条件式说话，这能帮助我减少冲突中的紧张。用条件式说话，也能帮助那些正在经历困境的人们在公众场合说出他们的想法，因为这个语态能帮助他们用更细微的方式表达自己的观点和看法。

超越商学院的智慧：
我从孩子身上学到的一切

> 沟通或者说不畅的沟通，是许多冲突的核心原因。注意你所使用的语言，在给出答案的时候保持冷静，多多思考，就能避免很多问题。

12. 领导力：女性视角，还是德国人的视角？

有件事让我觉得很有意思，经常有人问我，我的管理技巧是不是基于女性视角。我和塞勒拜特集团的德国董事长的管理风格确实大相径庭，但我也不知道这到底是因为我们性别不同，还是因为我们来自不同的国家、有不同的文化背景。

塞勒拜特集团西班牙分公司的员工在两年间从60人增加到了200人，五年内扩张到了1000人，十年内翻了一番达到2000人，二十年内突破了4000人。在公司创立之初，我了解每位员工的情况，跟他们打招呼的时候能叫上每个人的名字。

我还会问起他们的家庭情况，了解他们参与的项目，对每个人担负的职责和遇到的问题都能心里有数。我对所有客户也同样熟悉。但随着公司规模的扩大，员工和客户开始担心我不会像当初那样和他们亲密无间了。

随着公司的壮大，我曾试图向大家保证，自己对每一件事都很了解，一切都不会改变。但据我所知，情况并非如此，我已经感受到了与日俱增的压力。在开会的时候，我很难全神贯注，一场会议还没开完，我就开始思考下一场会议的内容了。我曾尝试将权力下放，但收效甚微，接受委任的下属最终还是会请我来拍板定夺。

有一天，我和运营主管胡利奥聊天，听他抱怨工作，我能清楚地看出我们都犯了一样的错。他的问题是其直接下属没多少权力做决定，哪怕胡利奥已经解释过他们可以自己做决定，也说了具体怎么做。发现别人的错处总比发现自己的错处更容易，这真令人惊讶！

忽然，我想到之前的某一天，在与劳拉和奥斯卡做游戏的时候，我是多么惊讶。我们打算玩一个

12. 领导力：女性视角，还是德国人的视角？

游戏，而那个游戏只有我知道规则，所以我犹豫着到底是在玩游戏之前就解释规则，还是之后再说，但我还没插上话，游戏就开始了。很神奇的是，姐弟俩想出了自己的策略，最后两个人的游戏结果比我还好得多。这也对我们后来再玩家庭游戏产生了影响。从那之后，我总是鼓励孩子们自己去寻找解决办法。最让姐弟俩享受的不是游戏本身，而是我假装没有线索，他们可以帮我忙。

如果我知道怎么让自己的孩子获得自信，那我为什么不把同样的策略应用于公司管理呢？

我之前做得不好，我的目标总是试图让团队想出我倾向于采取的办法，让他们得到和我相同的结果，而不是留出空间让他们自己去想办法。

我的行事方式开了个坏头，公司充斥着犹豫不决和互不信任的气氛，导致大家都有这样一种感觉：谁做事情都不如我或者胡利奥。

从意识到问题那天开始，如果有人等着我告诉他们做什么，我就只向他们提问，直到他们想出办法，自己去推进项目。我鼓励他们尝试自己的想法，看看能不能达成他们想要的结果。和我之前的态度不同的是，我不再推着他们往我想去的方向走，相反，我专注地倾听他们，不再把他们的想法和我的想法作比较。关键是我发现了这一点：要是我解释了我会怎么做，听者就会局限自己，只去达成我的想法，然后他们来到办公室告诉我，他们已经按我说的做了。

公司的氛围转变得有些不可思议，而且转变非常简单。人们开始提出自己的观点，不一定非得按照我的想法来。大家忽然有了动力，更专注于衡量自己想法的效果。员工可以修正自己的想法，如有必要，改多少次都行，直到找出成功的法门。

我还发现，为了能让这样的转变尽可能有更大的影响力，人们会让更多人参与进来。但这不是我自己发现的，而是我的团队教会我的。他们的信心倍增，因为自信，他们会自发地去和团队其他成员解释想要达成的目标，让其他人也加入计划。通过"传染性地赋能"员工，我们的管理结构改善了，带出了非常棒的队伍，公司也得以平稳发展。

新的工作方式还让经理们可以以合作的方式去设计执行程序和系统。遇到问题的时候，大家不用

12. 领导力：女性视角，还是德国人的视角？

总想新策略，相反，大家可以利用好已经发现的最佳执行范例。

一个团队如果被完全赋能，有明确的目标，就能加强大家的团结感。经理们会给他们的团队提供最适合公司成长策略的方案，结果就是，员工们再也不用单独为了所遇到的问题来找我本人，客户也是如此。如果有人邀请我去提供咨询建议，我就有更实用、更丰富、更有效的信息去帮助他们，而这些信息也会提供给任何参与进来的人。

相反，在这家跨国公司里，德国人践行着不同的工作方式——他们在其他国家也是如此，即层级制。命令由高到低逐层下达，无人质疑。哪怕是变更预算这样的微小调整，也需要总裁批复。和他们不一样，我们的工作方式是让每个人都能获取到所有信息，我们的经理可以全权决策，员工只需要贯彻他们设计的流程就可以了。在这种管理模式下，项目负责人的表现会更亮眼，尤其是在处理与客户或与总公司之间问题的时候。每当要为某个全球项目挑选负责人的时候，总公司都会毫不犹豫地从最受欢迎的经理人中挑选，而这群人全都来自西班牙分公司。

让我惊讶的是，那些曾经成功领导、负责巴塞罗那大项目的人，调到其他国家之后，却并没有达到同样的成功。

我一直在思考这个问题，于是我见了德国董事长，和他的团队一起探究这到底是怎么回事。结论是，在德国，人们觉得按照命令行事让他们很自在，因为大家已经习惯了层级制。相反，巴塞罗那团队则习惯更自由的领导方式，所以没法很好地适应德国系统的僵硬死板。这种僵硬死板既阻碍了西班牙分部的经理们做决策，也使他们没法把权力下放给下属，因为没有人想要担责或者承担额外责任。

直至今日，我还是不能断言我和德国董事长管理风格的差异是因为我们一个是女人，一个是男人。董事长和我从认识到现在都保持良好关系，忠诚、信任和尊重是我们关系的底色。我们的工作目标一致——让公司保持成长，同时保持财务报表状态健康——但我们很快就意识到西班牙人和德国人的工作风格差异巨大。不管是德国团队还是西班牙

12. 领导力：女性视角，还是德国人的视角？

团队，工作方式都贴近于人们本身的性格以及团队的风格。不过看起来好像巴塞罗那团队在领导风格中还渗入了其他因素，比如更加包容、多元。

> 公司文化十分重要，因为其反映了公司的形象。雇员们依据公司的规章、制度和价值观进行行动、思考以及感受。然而，公司文化不只是依赖文件和表格，更多的是依赖那些领导公司的人的习惯和行为方式。领导者，尤其是跨国公司的领导者，需要包容不同的观念、种族和性别。这样一来，公司中的人就能成功地建立共同的文化、价值观和行为方式。

13. 相信自己

除了担任塞勒拜特集团西班牙公司的CEO，我这些年来还在咨询公司和非营利组织的理事会中任职。

每当收到这些机构的任职邀请时，我都难掩心中的骄傲。但转瞬之间，一丝恐惧感又会浮上心头，我不确定自己能否满足邀请人的期待和要求。进入一个陌生的、意料之外的未知领域，总让我焦虑不已。可是当我对他人说出内心的惶恐时，总是会得到大同小异的答复：

"女人总是这样，你心里再清楚不过了。找到你们的优点不容易，可当我们费尽心思挖掘出你们

13. 相信自己

的优点之后，你们又开始说自己这儿不好那儿不好。换作是男人，就绝不会这么做。你们到底想怎么样呢？"

有一点他们说得没错，女人总是在获得称赞时习惯性地怀疑自己。拿我的亲身经历来说，每当面临升职或加薪之类的嘉奖时，我的第一反应总是感到恐惧和犹豫。然后我就会反复思量自己能不能胜任新岗位。我们女性总是无一例外地在寻找、发现，然后撞上职场中的"玻璃天花板"[①]。我们能打破这个恶性循环吗？

当一个新岗位开放招聘，两个在公司有同样工作背景、同样品质特征的人竞争岗位，面试者是男人和面试者是女人会导致面试的过程完全不一样。令人难过的是，最后的结果也不一样。

我们来想象一个合理的场景，而这样的场景我已经亲眼看见过太多次了。

男性候选人首先会感谢面试官愿意给他机会来争取这个新职位。然后，他会说自己已经等待这个

[①] 玻璃天花板（glass ceiling），这里是指在公司企业和机关团体中，限制女性晋升到某一职位以上的障碍。——译者注

机会有一阵子了，再说明自己是如何做好充分准备去承担这个岗位的新职责的，然后说自己将全力以赴、热情自信地完成工作。最后，他会公开询问薪资，清楚地告诉面试官他的期待薪酬，还会提醒对方，由于岗位很具挑战性，所以薪资要能反映这一点。

另外，女性候选人会感谢面试官让她得到机会竞选新岗位，然后她会询问自己现在的岗位空缺要如何填补，之后，取决于面试官给予的答案是否让她放下心来，听到安心的答案后，她才可能会回过头来开始讨论新职位的事。接下来，她会说明自己是如何做好目前的本职工作的，却不会提及自己为新岗位做了什么准备。更有甚者，在面试中可能根本不会提及自己对新职位的期待薪资。

在那些女性管理层占比很低的公司——领导风格主要是男性化的，很可能拍板决定最终人选的那个人会认为，男性候选人看起来比女性候选人更加自信。

我试图向女儿劳拉灌输自信的重要性。我曾见证她顺利完成第一次的工作面试，如今，在职场中

13. 相信自己

的每一步,她都能很好地证明自己的价值,这让我十分欣慰。有一天她焦虑地说自己刚得到晋升,接下来会有五个下属,但我很惊讶,不知道她为什么会如此焦虑。原来,这是人生中第一次,她需要成为别人的依靠,而她以前从来没有管理过团队。听了她这些没什么实际证据的担忧焦虑,我让她想想自己擅长做的事情,再想想自己曾经的成就。这个问题很简单,但她却开始列出那些让她觉得不安的事情。之后,我建议她像旁观者一样,列出自己的优点。当她把这些优秀品质一一列出之后,我们俩开始分析哪些品质能帮她进入新角色。这样练习一番之后,她开始感觉到自己其实能胜任这个职位,而且绰绰有余。

我和劳拉进行这场对话已经是很久之前的事了。我为她感到骄傲。她不仅在为人处世方面成长迅速,职场晋升也不遑多让。劳拉是多么幸运啊,在职业生涯的岔路口,即使她心怀诸多疑虑,但还是有人愿意在她身上赌一把。

我让劳拉像旁观者一样列出自己的技能,同样的方法我也推荐给正在准备面试的人。我无法告诉

超越商学院的智慧：
我从孩子身上学到的一切

你们，我已经有多少次让其他女生像劳拉一样列出自己的优点！如果之前我没有和劳拉一起实践过这件事，我也很怀疑自己现在能不能想到这个方法。

经过这样一番练习，相信你就能很容易地去除自己已经内化的坏习惯，比如，认为自己必须低调谨慎，必须不能引人注目，或者觉得自己成功的唯一原因就是运气使然，好像这些优秀品质都是我们偷来的一样。

> 竞争晋升机会的时候，好好准备面试是关键。我建议大家列出自己擅长的事情，即使这些事情是我们轻而易举就能做到的。这份列表还得把我们曾经的成就纳入进来，以前遇到过什么挑战，我们又是如何解决难题的，还有团队成员给予的好评，等等，都写在里面！这样一来，我们就能发自内心地更自信，外表看上去也必然会更自信。

13. 相信自己

> 不要在谈话中大谈特谈自己还不知道怎么做的事情,虽然现在不知道,但你之后总能学会的!

14. 积极倾听

我的丈夫在我的职业生涯发展过程中扮演着很重要的角色,多年来,他不仅总能给我提出良好的建议,还总是支持我、鼓励我,尤其是他特别愿意倾听我的想法。

我们刚认识的时候,他是一家跨国公司的总裁,那家公司是西班牙的主流广告公司之一。一起共事的经历对我们彼此的沟通大有好处。还没成为恋人时,我们就已经能够开诚布公地讨论遇到的各种问题。

我刚开始和朋友伊莎贝尔(Isabel)创业的时候,我们俩会分担需要承担的各种任务。公司成立

14. 积极倾听

的第一年,我的女儿劳拉出生,之后的三年间,伊莎贝尔生了两个男孩,我也生了第二个孩子。四年之间,我们总共生了四个孩子!

最初的阶段,大家都不明白,为什么我俩不让公司步子走得更快一点,为此我也经常和爱人讨论。

与人沟通最重要的,也必须要做到的事就是倾听他人的声音。和伊尔德方索确立关系没多久,我就发现,我们两个人对彼此的期待差异巨大。这一发现对我们的恋爱关系至关重要,之后我也学着将恋爱中的经验应用到商业领域。

有时候,我们并不是在听别人说话,而只是急切地想给出自己的解决方案,而我们给出的方案都是从自己的视角出发的。我们的思维过程往往是这样的:如果我是那个人,我会怎么做?但这个思维过程是错的,因为我们不是那个人,我们和那个人的需求不一样,我们渴望的东西、恐惧的东西大不相同,我们也不知道,究竟是什么样的梦想让那个人彻夜不休地努力上进。

有人批评我和伊莎贝尔可能太缺乏野心了,他们说公司本来可以更快地成长，我们失去了一些商业机遇。这个说法没错。人们试图说服我，让我更激进一点。这个建议很好，但公司不是我的全部，我更希望享受照看孩子成长的天伦之乐。公司成长的幅度恰好匹配了家庭壮大的速度，等劳拉和奥斯卡都上学之后，我才决定要抓住推进公司成长的最佳时机。我的商业伙伴伊莎贝尔却并不觉得公司成长速度的改变是自然而然的。相反，她无法忍受公司加速发展之后产生的压力。对她来说，最佳时机还没到。所以，不久之后，她决定离开我们的公司，找一份更适合自己的工作。要是我早一些推进公司发展，谁知道结果如何，也许我也会觉得挫败。

时光飞逝，公司持续成长，在此过程中，我一直和丈夫风雨同舟，跟他分享自己在工作中遇到的问题，他也是如此。

每当我跟伊尔德方索说起自己的疑惑和忧虑时，说起客户带给我的压力和苦恼时，说起某个人和我的矛盾时，我都不是为了向他寻求建议，而只是希望向他倾诉那些不能告诉其他任何人的情绪。我在

14. 积极倾听

一个超过 4000 名员工的大公司担任 CEO，我认为自己的职责是向员工传递信心、安定感以及工作激情。所以对我来说，能够自由地对丈夫倾诉真的非常重要。仅仅是和他说说发生的事情，表达我对一件事的愤怒和担忧，就能让我更清楚地看到问题所在，并找到解决方案。

有趣的是，当我和闺蜜聊起自己与丈夫沟通这件事的时候，我发现很多伴侣之间无法倾听对方，甚至是争执的来源。在工作中，我也观察到一些类似的现象。有些人只是想抓住机会和信任的同事说说他们的苦恼，可倾听者甚至不等他们把话说完，就打断他们，然后开始给建议，告诉他们怎么处理问题。这样的人明显没有投入这段私人关系中，这种表达看法的方式，其负面影响是巨大的。说话的人不想说了，听话的人也不想听了，因为他/她觉得自己的想法对方根本不在意。

如果我很幸运地参与到和同事的私人谈话中，我不会直接把自己的看法和解决方案强加给他人。我更希望鼓励人们复述自己遭遇的困境，试着说清楚自己的愤怒和不适究竟原因何在。重新定位自己的情绪,看看这些情绪让我们产生了什么样的反应。这样的过程能让我们想清楚为什么自己会对一些人和事感觉不舒服。

> 积极倾听,意味着倾听他人的话语,仔细观察他人的语气和面部表情。这样一来,我们就不会只是听他/她说话的内容,而是也能理解为什么他/她会有这样的感受,理解他/她究竟在忧虑什么。有时候,倾听者问对问题会对说话者有很大帮助,可以让他/她从另一个角度去看待自己的问题,这比直接给出某种建议好得多。

15. 你有男朋友吗?

我们正在开一个组会,讨论某个项目的可行性。每个人都在这个话题上强调自己的立场,其他人则在认真倾听,至少看起来是这样的。

看着眼前的场景,我思考着,事实证明,达成共识是多么困难的一件事,每个人的立场都极为不同。这个会开了好一会儿了,但没有明显的进展。我慢慢地意识到,大家都没有听进去他人的观点,于是我决定干涉一下:

"我们已经讨论一个多小时了,提到的这么多观点里没有一个能让我们重新考虑自己最初的建议,这真是令人难以置信。我们真的在听其他人的建议吗？还是说我们只是在等着轮到自己说话的机会？"

我听到一些人小声嘟囔着，声音小得听不清，没人愿意承认自己之前根本没听别人在说什么。

"埃莱娜，你看到我们在讨论了。你怎么能说我们没有听别人说话呢？"有人开口了。

"你说得没错，不过仅仅问了别人一个问题并不意味着你真的对别人的答案感兴趣。"

"那我们为什么要问问题呢？"她反驳道。

我感受到了，屋子里其他人也感受到了，她很不耐烦。我觉得这时候讲一个故事可能会有助于缓解紧张的气氛。

"我会回答你这个问题，不过，先让我给你讲讲一个夏天发生的事情。"

当时是8月份，我们在马略卡岛（Mallorca）消暑，邀请了几位朋友来吃晚餐。劳拉和奥斯卡那时分别是16岁和14岁，他们俩负责帮我们准备开胃菜，之后会加入我们一起吃晚餐。看到姐弟俩一年年长大，朋友们都很高兴，两个孩子也很乐于参加这样的聚会，席间谈话非常有趣。不过在宾客到

15. 你有男朋友吗？

来之前，我无意间听到他们俩的对话。

奥斯卡说："我讨厌客人们刚到的时候，他们第一个问题就是问我是不是决定好了之后要学的专业，但我根本不知道回答什么，之后他们还会继续说一些诸如'但是你肯定有最喜欢的科目吧'或者'我觉得你肯定有想法了'之类的话，这让我很烦。之后就好多了，我也喜欢听大家畅所欲言，他们都是很不错的人，但是最开始的话题真的让我很烦……"

让我惊讶的是，劳拉回答说："奥斯卡，我来告诉你我的应对办法。首先，你得明白，他们问你这个话题的时候，并不是真的感兴趣你的回答内容是什么。这实际上就是一个形式——人们总要去问一个 14 岁男孩他长大后想做什么，也可能会想着问一个 16 岁女孩是不是找了男朋友。这两种情况下，能有个回答是最重要的，不用管具体回答什么。只要你给出一个答案，你就会发现，他们不会再问更多了。如果我们给不出答案，他们会感觉很不舒服，所以会强迫你回答点什么。但我跟你说，他们根本没有在听。你觉得他们真的想知道你之后想学什么专业吗?不要把你的迷茫作为答案告诉他们。随便说点什么,说什么都行。'我觉得可能会选文学,文学让我最感兴趣',这个选择是不是可行,你是不是很确定,根本不重要。这真的没什么,你甚至可以回答说,你想当个宇航员,然后脱身。总之,准备一个答案就行。"

"那问你的问题呢?要是他们问你男朋友的事,你会说什么?"

劳拉笑着说:"我早就想好了。我就说正在努力,我也不说有没有,但这总归是个答案,让他们自己想去吧,你会发现这个办法真奏效!"

我觉得劳拉的办法不错,因此也没有干涉。我本来想告诉他们,要是他们有伴侣,就会被问到是否决定结婚,之后的问题会是他们多久之后决定要孩子,有一个孩子之后,问题就是他们什么时候计划要下一个孩子,诸如此类……我心想,要是之前就知道这个法子,该是多么有用啊,能避免很多尬聊。

我重新回到刚才和同事的谈话:

"我就是这个意思。要是你们的每个提问都有

15. 你有男朋友吗？

一个令人信服的答案，你们就没兴趣再问下去了。在我讲的这个故事里，孩子们不想再继续这场尴尬的谈话，于是就一起想出了一个答案，但我们现在要做的却恰恰相反：我们想要分享各自的想法，想要找到最优解。而且，如果我们足够专注，广开思路，也许能一起找到一个合适的解决办法。"

马里亚诺（Mariano）说："我其实对解答我提问的那些应对方案很感兴趣。但是得承认，要是我真的想要给他人方案贡献点新东西，我就会问更多。让我们问问自己，最理想的思考框架是什么样的，怎样才能做得更好，这样一来，我们才能继续推进。"

此后，这场讨论呈现了截然不同的面貌，人们不再极力为自己的方案辩护，而是仔细倾听每一个人的想法。这不仅让我们对讨论的议题有了更深的理解，还让我们通过努力达成了一个最终解决方案。

倾听需要我们有意识地对他人保持兴趣，愿意发掘他人的观点。只有这样，我们才能共情他人，学习他人的长处，避免陷入自身的偏见和误解中。

16. 下一个！（大声说出来）

有一天下午劳拉回家之后，我想起那天课上她要选一个话题进行讨论，于是就询问她课堂讨论的情况如何。

"很不错，不过谢天谢地，多亏了老师问了我们每个人的想法。如果老师不问，就只有雨果（Hugo）、杰拉德（Gerard）还有其他几个男生说个不停。"

我说："但是你不是准备得非常好吗？"

"是的，我知道，但真的很难插话！我是唯一讲话的女孩，而且讲得不错，老师问我对这个话题的看法的时候，我冷静地说出了自己的观点，也没

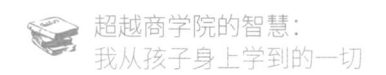

太紧张，老师还表扬了我。"

又一次，通常在商界会发生的情况在孩子的校园里发生了！

我曾经亲历过，明白在出席会议的时候听到不同的声音有多难。主持会议者——比如劳拉的老师——最基本的职能就是保证每个人都能有机会说出自己的想法。比这更重要的，是保证每个人都处于倾听状态。

每个人都有独特的说话方式，不过这不是一成不变的，我们每个人都是随着时间的流逝在不断培养不同的说话方式，我们会渐渐懂得言辞句读微妙的差异，学会适应不同的环境。在经典的同学聚会场景中，我们和童年的友人再聚时，总会出现一个有意思的现象，那就是每个人都会重拾自己曾经在学校中典型的口吻和角色：聪明的家伙、有趣的家伙、万事通、健忘的人。我们会回到曾经定义我们的标签下。有时候我在想，我妈妈是不是还会拿我小时候她看我的眼光看我，因为我和她在一起的时候，幼稚的语气和行为总会重新占上风。

不同的文化也会制造不同的说话方式。比如，

16. 下一个！（大声说出来）

我们可能会觉得英国人说话的语气总是嘲讽居多，德国人更遵循等级，瑞士人更有条理。性别不同，说话口吻也不一样——女性发言一般寻求共识，男性则更大可能是在陈述一个观点。

尽管说话方式不同，人们还是能成功地开展一场场对话，不管是保守的，还是创新的，抑或是一男一女之间的。在谈话中，只有每个人的声音都受到尊重，人们才更有可能去接受别人的观点，之后才能得到积极的结果。新的观点提供新的视角，最终将导向一个不曾预料的解决方案。

我是个幸运儿。在我的公司里，大家彼此信任，不过这种氛围也不是从一开始就有的。几年前，我受邀出席加泰罗尼亚当地一家公共银行的董事会议。有人提议，由我来担任银行顾问。我对这份邀约的第一反应就是惊讶，不过邀请方表示，他们正在寻找来自不同领域和背景的咨询顾问，即使我从未涉足银行或金融业也没关系。于是我欣然接受了他们的邀请。

董事会议第一天是成员会面。我迈进大楼，被领到一个大房间，里面放着一个巨大的会议桌。成员还没到齐，但已经到场的成员似乎彼此十分熟悉，这从他们聊天的方式就能看出来。但我肯定自己对大家都不熟悉。桌子上放着名签，能够让我们知道每个人在哪里落座。扫了一眼之后，我意识到自己会是在座唯一的女性。很难用语言去形容，但我当时真的很想逃出这栋大楼。不过我没这么做，而是深吸一口气，默默鼓励自己，走过去和每个在场的成员打招呼。虽然大家态度都很友善，但当我有机会在这个场合说话，已经是好几场会议之后了。我得用点办法才能让自己的声音被听到。在谈话中抬高声调或者打断别人会让我觉得不礼貌，不过其他与会者倒是毫不犹豫地就这样做了。接下来的几周里我努力尝试，强迫自己去插话，后来我意识到，用短促有力、清晰明了的句子会更有效。我尽量用这个办法先去捕捉大家的注意力，再回到平常的言谈举止。坦白地说，能在会上成功发言，让我感到非常自豪。

当我和孩子们复盘这段经历的时候，劳拉告诉我，当她也有同样插不上话的无力感时，就会想到我在纽约比萨店的经历。她说，比萨店的故事不仅

16. 下一个！（大声说出来）

让她捧腹大笑，还对她助益良多。这个故事她已经让我讲了无数遍了：

我在纽约读书的时候，课间有一小时可以吃午餐。好在教学楼旁边就有一个比萨店，能买到好几种闻名全城的美味比萨。店面很小，柜台里面只能站两个人，一个负责做比萨饼、添加馅料，另一个就是对着排队人群不停地喊着"下一个"，让人们依次报出自己点的比萨口味。"番茄！""芝士！""牛至！""玉米！""金枪鱼！""马苏里拉奶酪加量！"大家的回应速度快得不可思议，以至我头两次去的时候，就因为我不够快，没能及时开口，店员直接略过我请后面的人点餐。我只能饿着肚子去上课。第三天，一听到"下一个"，我立马喊出了"番茄！"这是我唯一能赶在他喊"下一个"之前说出来的单词。于是在接下来的两天，我都只能吃番茄比萨。第五天，轮到我的时候，我赶紧照着我记下的餐单念出了我想要的口味。我试着像周围的美国人那样，语速极快地念出我想要的馅料，就这样，我终于吃到了美味可口、馅料十足的比萨。从那以后，我每次去都能买到想吃的那款比萨。

笑着回忆那段久远的纽约时光之后，我认为劳拉的看法没错，必须做好准备，保证自己的声音被听到，不管是点比萨还是开董事会议都要如此。这并不意味着我们要大吼大叫或者高声发言，我们需要学习的是发出自己的声音，让自己被别人听到。

那次董事会之后，我又参加了许多不同的会议，对我来说，插嘴越来越容易了。甚至到了一个阶段——我能够很自信地抱怨空调的冷气太强，男人似乎不会和女人一样注意到这一点！

有时候，作为群体中的少数是很有趣的经历。有一次，我和闺蜜们一起吃饭的时候，我们开始讨论自己身处不同场合的情景。每个故事都让我们开怀大笑，因为我们都看透了这些笑话背后的弯弯绕绕。复述我的经历是经典环节，这是我们觉得最可乐的故事。

那是在加泰罗尼亚金融署（Catalan Finance Institute）召开的最初几场董事会议上发生的事。我得事先声明很重要的一点，加泰罗尼亚金融署是一家金融机构，这意味着我们要经历多道安保措施才

16. 下一个！（大声说出来）

能进入。会议安排在下午五六点钟，可能会持续到晚上九点左右。这明显不算是很合理的日程安排。会议室有三扇门：第一扇门通向开会的房间，完全隔音，没人能听到我们在里面说什么；第二扇门通向小会客室，人们可以在会议中途稍微离开一会儿，打个电话或者回复一些紧急的事情；第三扇门是卫生间的门。那天我们在会议室里僵坐了好几个小时，我很想上厕所，但始终找不到合适的时机起身。因为觉得在别人说话的时候起身走开会显得很粗鲁，所以我一直坐在椅子上想等人说完，可没想到马上又有其他人开始说话。几分钟过去了，我始终没能找到机会起身。我一度已经听不进去任何发言了，看着说话人的嘴巴开开合合，我绝望地想要找个机会溜走。会议在晚上九点结束，直到大家起身告别，我才找到机会，趁着其他人聊天的工夫冲向卫生间，连再见都没和大家说。等我回到会议室里，大家都已经走了，我收拾好东西，往出口走去，却发现大门锁了。我敲了敲玻璃，寄希望于附近有人能听到动静，但我很快意识到周围根本没人，玻璃是隔音的，哪怕是我自己都很难听到拳头敲击的声音。意识到这一点真的令我感到无助,我拿起室内接线电话,想着至少能打给前台,找人来开门。但令人失望的是,刚拿起话筒我就听到电话录音说,前台七点已经下班。我开始焦虑起来,被锁在会议室倒是没什么(这个屋子宽敞又明亮),但是被人发现我被锁在会议室过夜这件事可太尴尬了,我已经后悔在会议室的卫生间上厕所了。我翻看着手机通讯录,却发现找不到任何董事会成员的电话。情况越来越糟糕,我妈妈的房子离这里不远,所以我思考着能不能让她来接我,但很快我就放弃了这个主意,我不想麻烦她。我在联系列表里翻来翻去,忽然,加泰罗尼亚自治区主席的电话跃入眼帘。纠结了一会儿,我还是决定打给他。

"主席先生,很抱歉这么晚了打扰您。我在加泰罗尼亚金融署大楼开会,但被反锁在会议室了,您能不能派个人来帮我把门打开。"

"他们怎么能这么把你锁在门里就走了?!"他质问的语气比我预想的还要愤怒。

我插话说:"这是个误会,他们走的时候没注意到我还在里面。我猜他们可能是为了晚上的安全

16. 下一个！（大声说出来）

才关门上锁的。"

"这太粗鲁了！"

我尽力想避免冲突，结结巴巴地说："主席先生，他们没意识到……"

"我不理解他们怎么这么不负责，我马上派人过去。"

复述故事的时候，我一直在思考这个故事是多么荒谬。要是在场有另一位女性，我就可以给她一个眼神，表示自己要离开几分钟，不管怎样我都会让她知道我还在屋里，但我从没想过要给在场的男士什么信号。

加泰罗尼亚自治区主席给经济顾问打电话，经济顾问又给加泰罗尼亚金融署主管打电话，主管再给保安打电话，说有人被锁在了会议室里面。这下所有人都知道发生了什么事。我觉得很难堪，甚至都不想去参加下一次会议了。最后，结果倒也没想象中那么糟糕，我们就当开了个玩笑。董事会的几位同僚跟我道歉，说这是一场误会，然后大家就把这事儿抛诸脑后了（反正我每次想起来的时候，就这样自我安慰一番）。

经历让我们成长,我得习惯在董事会里只有我一位女性。很多年后,我加入巴塞罗那会展中心(Fira de Barcelona)董事会的时候,另一位女性也加入了,我们都特别开心,兴奋地意识到之后的会议都会很舒心——当你不是在场唯一的女性时,真的舒服多了。

> 我们得学会处理让我们感到不舒服的情景,但有时候我们也得学会提高声音,拒绝不想要的东西,提出方案去改变不喜欢的事。

17. 容易做到的事就不值得重视了吗?

我在公司的主要职责之一就是面试管理岗位的求职者。在考察了形形色色的求职者之后,我发现女性似乎比男性"更幸运"。男性求职者们会详述自己的职业轨迹,把它说成一段复杂而坎坷的历程,而他们则凭借热情、勤奋和毅力脱颖而出。与之相反,女性求职者则将职业生涯中的每一次晋升视为"幸运使然"。人们在讲述自己经历的时候确实存在这样的差异:不论是在谈话中还是在会议上,女性在谈论自己的职业生涯时,总会听到她说自己多么"幸运"。

多年来，我一直保持着和职场中的女性朋友共进晚餐的习惯。席间，我们会邀请其中一位女士发言。我很开心能和可爱的女士们相处几个小时。我们不仅能听到不同的声音，还能进行启迪心智的对话。我经常和她们说起自己的"幸运"发现——女性动不动就说自己多么"幸运"，有时候甚至会脱口而出。在我说出自己的观察之后，席上各位面露茫然之色，于是我想通过角色扮演的方式给她们解释，假设有一男一女两位求职者同时竞聘公司中的相同岗位。我把这个场景表演出来后，两性之间的差别一目了然。朋友们看到我滑稽的演绎，不禁笑出了声。最后，我们大家一致同意，再也不说"幸运"了，听到别人说的话，就要提醒对方。此后的许多年里，当时在场的几位女士都在尽量少去说这个词，但完全闭口不提不太可能。每当受邀发言的女士说到"幸运"，我们其余人就会给彼此一个会意的眼神。

我模仿的是一男一女竞聘公关经理的场景，大致过程如下。

男性求职者会说："我本人是这个岗位的不二

17. 容易做到的事就不值得重视了吗?

人选,具备了本岗位要求的全部技能,精通英语、法语和德语。我曾经担任过公共关系主管,其间工作表现出色。我会充分准备每一场发言,尽全力做到最好,以确保吸引公众的注意力。我善于自我管理,善于应对复杂情况。出差对我来说完全不成问题,不过我需要提前了解详细的行程规划,以便做好准备。如果您需要推荐信,可以马上联系我曾经任职的公司。"

女性求职者则会说:"我之前的岗位和公关工作不太一样,工作职责也不太相关,但我相信自己能胜任这个新岗位。我从小就因为父母工作调动的关系辗转多地,在好几个国家生活过,因此幸运地学会了六种语言。我曾在公关部门任职,不过都是几家小公司,比不上贵司。说到公开发言,我也很幸运,面对公众讲话完全不成问题。频繁出差也可以接受,但我得提前几天了解出差计划,方便我做准备,毕竟我有孩子,我得根据行程提前给他们找好看护,他们还太小,不在他们身边我不放心。如果您需要推荐信,您可以联系我此前任职的公司,应该能拿得到。"

男性求职者的陈述显然更有说服力，他并没有添加无关紧要的信息，比如没有过多解释自己为什么要提前知道出差计划，也没说学会好几门外语有多么容易。相比之下，女性求职者觉得有必要为每一句话都找到一个理由。即使她没有反复使用"幸运"这个词，这类陈述也有风险，面试官可能只会记得她是个幸运儿。

我坚决不允许自己说"幸运"这个词，在家里不说，在工作场合也不说。我还会不厌其烦地纠正我的女儿。劳拉在准备工作简历的时候，我发现她并没有把自己身上的很多优秀品质写进去，她的理由是：

"我不能加上这个，那根本不算什么品质，我轻而易举就能做到，我只是很幸运……"

职业女性在竞争晋升机会的时候，同样的情形会再次上演，我问她们为什么不着重表现自身的优秀品质呢？

"可是，对我来说这轻而易举就能做到，我只是很幸运，天生就会罢了，我不觉得倾听他人、共情他人很难……"

17. 容易做到的事就不值得重视了吗?

我们需要意识到,表述一件事的不同用语会对听众产生不同影响,听众听到的可能和我们试图表达的意思完全不同。

> 我们总是珍惜那些需要艰辛付出才能获得的品质,而那些我们天生就擅长或者轻易就能做到的事,我们却轻蔑视之。请注意,你的所有天赋都值得被重视,要珍惜它们,大声说出来。如果你不表现出来,其他人也不会珍惜我们所能给予的东西。

18. 经验无法传承

迈克尔（Michael）正在向我抱怨维克托（Victor），说他不能精确执行自己给他的命令。迈克尔跟我抱怨说，维克托不是故意要忽略他的指令，而是总忘记领导跟他说的指令。迈克尔试图阻止维克托重蹈覆辙，但越是这样，维克托就越是做不到。

我说："要点其实不在于告诉别人做什么，而是要让他们从我们的经验中汲取教训。虽然我也不太赞同这句话，但我父亲曾说，经验是无法教授的，人总是会不停地在同一个地方跌倒。"

我记得劳拉曾经有一段时间非常担心自己可能会失去一个新朋友。据我了解，劳拉和班长亚利克

18. 经验无法传承

斯（Alex）成了好朋友。是亚利克斯先提议的，劳拉觉得不错，但亚利克斯希望劳拉承诺，亚利克斯是她最好也是唯一的朋友，劳拉也同意了。两天后，亚利克斯和劳拉冷战了，因为劳拉总和其他女生一起玩儿，而之前她们说好彼此是对方唯一的朋友。

在这种微妙的情况下，要出主意可不简单。我注意到劳拉非常焦虑，根本不想听我提起这件事。于是我想，要是能讲个自己曾经历的故事，也许能帮她解决这个问题。

我跟劳拉讲起曾经的一个项目，项目组有20人，需要一个小组领导。在一次会议上，大多数人都提名罗克珊娜（Roxane）——她看起来是个天生的领导者，也许她会是最佳人选。

但有人对此持不同意见，觉得罗克珊娜不是一个能团结他人的领导，她的领导技能可能并不出色，因为她曾经分裂团队，制造矛盾，而且罗克珊娜本人也不太好相处。最终我们认为，最好的办法是让团队来决定想要的领导人选。于是，小组成员便给每一位候选人打分，分值为1~5分。

我简化了这个故事，以便劳拉理解。之后，我告诉劳拉打分的结果：得分最高的人是每个人都信赖的人，这个人总是愿意帮助他人，和大家愉快相处。而这个人选不是罗克珊娜，也不是我之前考虑过的任何一个人。

我告诉劳拉："这件事可能不完全和你与亚利克斯之间的情况一样，但这个结果也许能帮你想想，要怎么做才能不那么伤心。"

劳拉问："所以你觉得罗克珊娜不是一个好领导吗？但是我也不能让人们为我和亚利克斯的事儿投票吧！"

我回答说："不，当然不用投票。但也许亚利克斯也不知道你在经历什么，为什么不告诉她你的苦恼呢？"

"所以你的意思是，我要告诉她我很伤心。哪怕我和其他人做朋友，我也会是她最好的朋友？如果我跟她说了，她就不会伤心了？"

我说："这是个好主意。你不觉得如果你告诉亚利克斯，其他女孩也很愿意和她做朋友，会让亚利克斯也更开心吗？"

18. 经验无法传承

我也不知道这个办法能不能奏效，但是我们只能说到这里。实话说，我觉得劳拉的处境比办公室里的场景复杂得多。

几天之后，劳拉问我自己能不能邀请一些朋友来家里做学校布置的项目。我回家的时候，很惊喜地发现亚利克斯也在其中，并和其他人一起欢笑。

回到办公室的场景，我建议迈克尔不要指导维克托具体的做法，而是告诉他自己的人生经验，如果是他，会怎样处理不同情况。这样维克托可以从他的经验中学习，然后自己做决定该如何行动。

迈克尔回答："我试试，但不保证结果。"

几周之后，迈克尔展示了维克托成功做出的方案。他告诉我们维克托努力做成了项目，克服了很多困难，解决了公司面临的难题。他给了我一个你知我知的表情，然后笑着对其他人说："再也没有比拥有一个经验丰富的上司更能帮你产生好想法的了。"

> 某个人的经验可能很难帮到其他人，哪怕其他人的处境比提建议的那个人简单得多。不过，如果我们尽力描述自己的经历，让别人从中得到自己想要的灵感，也许他们就能从我们的经验中学习，然后做得更好。

19. 选择最近的团队

多年来，我有幸拥有一帮与我一起共事的人（并非常规意义上的管理团队，而是一个更亲密的小圈子），这令我受益匪浅。他们不仅为我的事业添砖加瓦，也让我本人成长了不少。本书提及的经验其实没有那么复杂，其中很重要的一点就是，我们要学会寻求他人的帮助。我在公司有助理帮我协调工作，还有一支同舟共济的团队，家里则由管家帮忙照看，还有几名保姆轮流帮我带孩子。正是有了他们，我才可以游刃有余地经营一家有几千名员工的公司，兼任多家董事会和协会的理事，和丈夫恩爱如初，享受亲子时光，以及在陪伴家人之余，还有闲暇与朋友聚会。

瓦妮莎（Vanessa）是我的助理，在公司员工还不到200人的时候，她就已经在我身边工作了。那时候劳拉和奥斯卡都还很小，瓦妮莎要帮我安排好工作日程和私人活动，确保给我留出时间去参加家长会、看医生、参加孩子学校的郊游和夏令营。我们会时不时地坐下来聊聊，我会把我的需求和理由都告诉她。我们开诚布公而且相互信任，瓦妮莎能准确无误地为我规划日程，不必事事跟我请示就能主动开展工作。因为她很了解我的想法，所以能够从容不迫地安排好我的生活和工作。瓦妮莎肩上的担子越重，她的才能也就越发耀眼。

在瓦妮莎刚到我身边工作的时候，我就说过，我希望每周都有一个下午的时间来陪孩子，所以她在安排我的日程时总能为我空出一个下午的时间。我会在那个时间去学校接孩子，带他们参加亲子活动。在姐弟俩还很小的时候，我会用这段时间陪他们一起上游泳课，然后一起学小提琴和钢琴。按照教学要求，我也要学着弹奏这两种乐器，但我很快就放弃了，毕竟糟糕的演奏水平反而更折磨人。

19. 选择最近的团队

在这段"神圣不可侵犯"的下午亲子时间，瓦妮莎会告知每一个想见我的人，说我在这段时间有一个每周的例行安排，没有办法安排会面。她这么说倒也没错，虽然我不记得自己提过这样的要求，但我还是很感激她替我解释。毕竟我当时不太想让别人知道我其实是在陪孩子，总觉得这么做不太好。但我后来却不再这么想了。

有一天，我和另一家公司的女总裁聊天，和往常一样，我们很快找到了共同话题，互相聊起了自己的经历。她说自己有一个习惯，每周一定要陪孩子们共进一次午餐。要是那天有人想约她一起吃饭，她的助理就会婉拒对方的邀约，说她早已另有安排。有一次她和两个孩子在一家餐厅吃午饭，一个之前想约她在中午开会的男人走了进来。此前，秘书对这个男人说，总裁要参加一个重要的、无法取消的会议。所以，当他在餐厅看到这位女总裁和她孩子的时候就径直走了过去。她觉得自己被抓了个正着，毕竟秘书对他说了谎。不过这个男人却给了她和两个孩子一个大大的微笑，然后说道：

"很荣幸见到和您一起共进午餐的贵客！您这

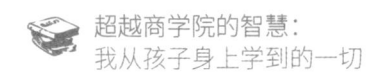

么做无可厚非,我们大家都应该向您学习。"

从那天开始,她就和助理说,以后要是有人约她在那段时间开会,就回答说她很抱歉不能参加,因为她要和孩子一起吃午饭。她不觉得人们会难以理解;事实上,听到这个理由的人反倒会表示支持。听她这么一说,我也告诉瓦妮莎,下次实话实说就好,直接告诉大家,我每周有一个下午要陪孩子。

还有一次,我和德国董事长打电话谈事情,结果越说越复杂,于是他让我那周直接去纽伦堡(Nuremberg)见他,面谈敲定细节。我很感谢他愿意直接面谈。但一放下电话,我就想起那个周四我们全家要去度假(公共假期),西班牙的小孩在当天就放假了。我已经让瓦妮莎订好了酒店和机票,但是从巴塞罗那飞抵纽伦堡的时间不太合适,要么就是提前去那边住一晚,确保第二天准时参会,要么就是开完会后在当地多待一晚。我和瓦妮莎抱怨,错过这么长的一个连休假,不能陪孩子,真的太遗憾了。然后,我们忽然想到了一个主意:

为什么不把这次出差变成一次家庭旅行呢?和丈夫伊尔德方索商量之后,我对孩子们说,我们一

19. 选择最近的团队

家四口要去德国玩儿。德国董事长迈克尔（Michael）很高兴能介绍我们两家人互相认识。那次旅行之后，我和董事长之间的私人交情和工作关系都更上一层楼。我在后来才意识到，这是迈克尔为数不多的几次以如此轻松的、不拘束的状态面见公司同事。

此外，我对帮我料理家务的管家和照顾孩子的保姆都很信任。伊莎贝尔（Isabelle）是我们的管家，几位保姆则是每天轮流上门照看孩子。伊莎贝尔在我生孩子之前就已经在我们家工作了。她帮我们打理家里的大事小情，从琐碎家务到设计缝制小孩儿的衣服，她样样在行。伊莎贝尔是个缝纫高手，可我却是个十足的外行。要是碰上孩子们生病，而我和丈夫刚好出差不在家，伊莎贝尔就会留在我们家里，整晚守着他们。由于孩子们长时间跟保姆待在一起，而保姆又时常轮换，我和丈夫觉得，应该好好利用与保姆相处的时间，让孩子们学习外语。最后，我们决定，让他们把法语作为第二语言。两个孩子长大后都很感激我们当初的决定。让孩子在不经意间掌握一门外语，就是确保他们在长大成人后能具备一定的过人优势。

有一天，我和另一家公司的女高管谈话。她说自己请了一位中国保姆照看孩子，每天和孩子说中文。我说她这个主意不错，结果她却笑了起来，说我竟然忘了这还是我给她的建议。然后她诚恳地表示，这是我送给她的最棒的礼物。

不过每次有新保姆来到家里，我们最担心的就是，我们都知道保姆是小时工，她们对孩子的教导不一定会符合我们家长的标准。所以我在头一天就会提醒新来的保姆："我知道你很喜欢孩子，有自己的想法，也知道怎么和孩子一起玩儿。你的推荐信里说你是个称职的管理者，但你要知道，小孩子在认识你后就会暗戳戳地试探你。在这场拉锯战中，你必须赢，然后在第一周就立好规矩。要是他们赢了，你就处于被动地位了，你会很难开展工作。如果孩子们发现你允许他们做家长严禁他们做的事，他们就会牢牢记住这一点，之后再想让他们改正就难了。"我继续说，"良好的行为举止很重要，他们要懂得尊重他人，注意用餐礼仪，乖乖吃你做好的饭菜，听你的话，不看电视或者少玩一会儿电脑等。我不想让孩子们觉得，和不同的人在一起要

19. 选择最近的团队

遵循不同的规矩,他们只需要遵守一套规矩就行了。你知道的,教孩子守规矩很难,而放任他们不守规矩却易如反掌。"

几乎每个保姆都通过了考验,我们也见证了孩子们和这些看护者们建立起良性关系的过程。哪怕现在她们已经不在我家工作了,这种关系也始终未曾改变。

有趣的是,我和公司经理也强调过同样的事情,尤其是开始一个新项目的时候,对于一位经理来说,她或他在第一周讲过的话,要想在之后的过程中去修正,会很难。

人们总会觉得容忍是专制的反面。我发现很多经理也这样想,于是为了让团队保持良好的状态,经理们表现出灵活、好相处的一面,觉得自己不该在一些诸如人们得在什么时间回办公室,或者是否禁止员工在办公桌上用餐这样的小事上管得太严苛。但不可避免的是,几周之后,团队中就有人开始往更高级的管理者办公桌上递投诉信,抱怨说大家都不知道要在什么时候进办公室。公司总有人需要在岗,在岗的人会觉得自己比其他人上班的时间都长,更糟糕的是，他们觉得没人珍惜他们加班的时间。至于制定不允许在办公桌用餐的规矩，也是有理由的。不遵守规矩的人办公桌是最脏的，之后他们又会抱怨这一点。总之，最好在开始时就定好规矩。要是有正当理由的话，例外和修改也可以之后再说。

我是在工作中学会了这个原则，然后把它用到了家庭生活当中，还是应该反过来呢？我也不确定，但我很赞同那句话："第一印象既已形成，就难以改变。"

我对这些年来支持我、帮助我的人的感激之情溢于言表，多亏有了他们，我的家庭生活、职业生涯才能收获成长。

> 如果我们想把事情委托他人处理，那我们双方就必须要建立透明、互信的关系。我们要信任他们，认同他们的价值观。如果做不到，那即使我们最后找到了帮手，可能他们也没办法独自肩负重任。在这种情况下，我们就不能继续把事情托付给他们。

20. 学会应对

我碰巧遇到项目主管克里斯蒂娜（Cristina）。她的事让我感慨良多，恨不能飞回家去和劳拉说这件事。

我有好几周时间没见到克里斯蒂娜了，上次看见她的时候，我祝贺她有了宝宝：很明显，当时距离她的预产期没有几周了。

我打招呼说："你看起来状态不错。"

她脸上挂着疲惫的笑，抚摸着胀起来的肚子，答道："说实话，我到现在还不习惯呢。"

我说："别担心，你的女儿只是短暂地在你身体里待一段时间，相信我，你看起来真的状态

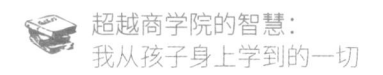

不错！"

她收起笑容，说道："嗯，我猜你已经知道了。"

我不知道她在说什么，但是众所周知的是，克里斯蒂娜和丈夫的关系不好。几个月前，她第一次跟我说她怀孕的时候，看上去并没有告知好消息应有的兴奋和激动。

克里斯蒂娜曾经快乐又活泼，喜欢换发型和发色，从白色到草绿色再到雾蓝色，变换不停。她还热衷于参加培训课程，总能抓住机会获得晋升。但是自从她认识了几个月后成为她丈夫的那个男人，整个人都变了。大家都能看出她的变化，只有她自己察觉不到。有一次她在办公室里待到很晚，打算完成第二天就要交的讲话稿，可她丈夫每隔十分钟就打来电话，问她什么时候回家。还有一次，公司组织去巴黎旅行，大家已经计划好几周了，但克里斯蒂娜却在最后一刻放弃了，理由是什么，没人知道。又过了一阵子，她所在部门组织了一次团建，她兴趣不大，也没参加。还有她不再和同事一起吃午餐，总是匆匆忙忙离开办公室，等等。我的老朋友埃斯特利亚（Estella）总是帮我关注着这些事。

20. 学会应对

有一次，她跟我说，自己再也不想和克里斯蒂娜说话了，坚决不说了，因为她尝试了很多次，想让克里斯蒂娜敞开心扉谈一谈，但克里斯蒂娜对此置之不理，完全不想改变。那天，我决定稍稍介入一下这件事，在那之前我都没有插手，但那天我请求埃斯特利亚不要放弃克里斯蒂娜，我说她现在可能比往常更需要帮助，哪怕她看起来完全不需要。

我继续劝说："你看过讲性别暴力的电影或者纪录片吗？女性能够发觉自己处在一段不健康的关系里，但她们主要的问题是无处诉说。要是能给她留一扇门，让她想要倾诉的时候能找到人说就好了！也许你能抓住机会，向她表示，你一直愿意敞开心扉聆听她，而不是想要指责、批评她。"

埃斯特利亚知道我们不是在讨论什么愚蠢的办公室谣言，恰恰相反，这次的情况非常严峻，我们必须尽己所能去帮助克里斯蒂娜，即使我们自己都不知道怎么帮。这也是我人生中第一次目睹性别暴力（gender violence）的样子。

而现在，克里斯蒂娜就站在我面前，她发现我没回话，继续说："我猜你已经知道了。"

我笑着说:"克里斯蒂娜,我刚度假回来,还没和任何人聊天。从你的表情看,你要告诉我一些好消息……"

"我离婚啦!我们已经签好了所有的文件,我得到了孩子完整的抚养权,我丈夫不想要我们娘俩任何东西。"她一口气大声地说出了这个消息,脸上的笑容越来越大。你能从她的肢体动作,还有她如释重负的表情中判断出这一点。但我沉默无言。

她继续说:"真的很有趣,每个人都来恭喜我。"

我说:"真为你感到高兴。要是你今天有空,一定来我办公室和我聊聊。"

我觉得大家都需要从克里斯蒂娜的经历中汲取教训。她的经历在某种程度上影响了整个团队。我其实不知道应该对她说些什么,但我不想错过和她谈话的机会。

那天晚些时候,克里斯蒂娜来见我。我给她倒了一杯茶,心里却很不自在,不知道应该开口说些什么。我不想说错话,也不想让她觉得自己想要干涉她的生活。我绝对不想冒犯她。

20. 学会应对

"克里斯蒂娜,原谅我的鲁莽,但我想问你一些事情。你知道吗,我一直很敬佩你,你总是那么有活力,待人友善,积极向上。大家都对你时髦的打扮印象深刻,你的发色和文身总能让人眼前一亮,最关键的是,你很专业,令人信赖。要是你不想回答我冒昧的问题,请不要勉强自己,我只是想问,你究竟看上了你前夫的哪点?为什么你要为了这样一个男人放弃一切?以及我最好奇的是,为什么你会现在决定离开这个男人,毕竟你怀着身孕,情况越发复杂?我真的很想知道为什么,不仅仅是为了满足好奇心,我想知道为什么像你这样独立自尊的女性最终会陷入这样的麻烦之中?也许你还没准备好回答这些问题,也许你也不知道答案,但是我觉得,也许你的经历能够帮助很多处境相同的人。也许现在你还答不出,也许过一段时间你才会有答案,但拜托你可以思考一下这些问题,要是你愿意分享自己的经历,我敢肯定,一定能给你以及其他人带来积极影响。"

"埃莱娜,我可能得过段时间才能回答这些问题。现在,我只能回答你诸多问题中的一个。我之所以站在他这边，是因为最开始他只是影响了我一个人，我是唯一承受后果的人。我告诉自己，这没什么大不了，我能忍耐。但是我怀孕以后，一切都变了，尤其是我知道自己怀着一个小女孩。一想到我女儿以后要目睹我的悲惨遭遇，我就再也不能忍耐下去了。我忽然觉得，我忍耐的一切都让人感到羞耻。这是我的小女孩，她虽然还没出生，但她的存在推动着我决定和那个男人一刀两断。我甚至没考虑过独自抚养女儿会不会很难，我只是想尽快离开这段关系，永远离开。"

"我知道了……要是可以，我还有一个问题：大家是不是本来可以帮助你做些什么呢？或者我换个说法，有没有人帮助你，让你走向积极的道路呢？"

"是的，阿德里亚娜（Adriana）帮了我，她是唯一愿意倾听我的人，不去批评我，不会让我觉得自己很糟糕。我知道她不喜欢听到这些事情，但她不会对我说教。我觉得我能告诉她一切，哪怕我能感觉到她为此饱受煎熬。你不知道我多么感谢她！别误会，我理解其他朋友也想帮我，我也理解他们

20. 学会应对

为什么没有行动。我母亲曾经抱怨我不够关心她，那是因为之前我丈夫不愿意我和她联系。但过去的这段日子真的很难……实话说一切都很复杂。我也是经历一番挣扎才渐渐明白过来。"

"那就先不打扰你了，谢谢你分享自己的故事。但我希望你放宽心，然后试着找到答案，探究自己为什么会遭遇这一切，也许你可以找一个专业的心理咨询师谈一谈，也许这对你有好处。很高兴你能走出来……祝贺你！我们继续工作吧，怎么样？"

> 骚扰和侵犯可能会发生在任何人身上，哪怕是看起来很强大、看起来不可能受到伤害的人也有可能遭遇这样的事情。让我们忘掉刻板印象，帮助那些遭遇痛苦的人，关注她们身上到底发生了什么，真诚地理解、支持、帮助她们，而不要居高临下地去批评、指责。

21. 分享的感觉真好

我从伦敦飞回家,精疲力竭,满腔怒气,但我也不知道自己在气什么事,在气什么人。吃晚饭的时候,我们一家四口围坐在餐桌旁,他们问我,这次出差顺利吗,我回答说,不怎么样。

劳拉说:"啊!发生什么事了?和我们说说吧,你不是总说,遇到不如意的事情,说出来就舒服多了。"

我也不知道跟家人说这些有什么用处,但我决定尝试一下。

"唉,你们也知道,我昨天早晨赶飞机去伦敦,参加公司收购之后的首场会议,但整个过程糟透

21. 分享的感觉真好

了,我也不知道怎么会弄成这样。可能是很多小事都积压在了一起,让人受不了吧。我得跟你们解释一下……首先,我到达会场的时候,大家都已经到了,围坐在小会议室的大圆桌旁。我是最后到的,必须越过好几个人才能到达我的位置,实在太尴尬了。我小心谨慎地说了句'早上好',但是正在讲话的那个男人根本没注意到我,或者他觉得没必要中断自己的发言,其他人好像也没有什么反应,也许大家都温和地笑了笑吧,但仅此而已了。"

奥斯卡不高兴地说:"他们太粗鲁了,怎么能这样?"

"我也不知道……参会者中有十二名男性,两名女性,我是其中一个。我从他们的后续谈话中听出,他们已经共事多年,彼此十分了解,也许是因为大家太熟了,所以他们对打招呼这件事不以为意。可我却是头一次跟他们碰面。我觉得自己就好像是一步错,步步错。之后会上讨论的话题都比较复杂,比如如何运营新公司等。最后我们没能达成任何共识。对我来说,这场会议的气氛相当紧张,尽管每个人都装作若无其事。"

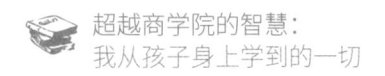

伊尔德方索说:"也许是你觉得自己的权力不如从前,所以心里不舒服。"

我一开始坚决否认,觉得"不是这么回事"。但是想了片刻,我又补充说:"其实,你说得有点道理,法国的韦伯赫普收购了德国的塞勒拜特。在这家新公司里,我们在共事之前,首先要进行一番协调,反正迟早都得有变动。在合并之前,塞勒拜特的西班牙分公司和其他分公司的工作节奏就大不相同,但因为我和德国董事长的私交不错,所以我们能顺利克服西、德两国之间的文化差异。虽然工作方式、工作节奏都不相同,但西班牙分公司的发展势头未受影响。

"被收购之后,新同事们先入为主地认为我们(德国和西班牙的团队)是韦伯赫普集团内部一个更紧密的团体,可事实并非如此。他们的建议或许只适用于德国的团队,我担心这会对我们西班牙的团队造成不利影响,反之亦然。我要解释一下,西班牙的团队之所以和总公司的全球战略存在矛盾,是因为我想尽力保持运营流程不变,保证西班牙的团队能够创造丰硕的成果,维护良好的客户关系。

21. 分享的感觉真好

但我知道，从外人的角度看，这就像是这位德国董事和我之间的较量。

"你说这是权力之争，可能也不算离题太远……我只是还没这么想过，但也许这就是问题所在。很明显，这可能也是困扰着这位德国董事的问题，也许其他人也是这么看待这件事的。要是我能早点想透这一点，也许就能让大家冷静下来，我会坚决告知人们，事实上这不是两伙人的权力斗争。

"漫长的一天结束，我很疲惫，也许组织里女性成员太少也是造成我孤立无援的原因，女性太少就导致人们缺少不同的视角，也很难产生共鸣。而且除了开会时候的糟心事儿，还有之后晚上大家决定走路去餐厅用饭的时候发生的事情。

"餐厅距离酒店只有十分钟路程，大家一开始一起走着，但是慢慢地就分散成不同的小团体，最后，只剩下我一个人独自赶路……我不想责怪任何人，因为我觉得他们并非有意孤立我，也许他们根本没注意到这一点。但这是第二次让我觉得不舒服的场景，要独自熬过这样让人紧张的场合真的很难。"

讲完了伦敦之行,我才发现两行清泪已流过我的脸颊,太滑稽了,我心想:"真的太蠢了!"眼泪是最没用处的,这趟伦敦之行其实没有发生什么真正糟糕的事,但跟家里人说说自己的委屈让我觉得轻松了不少。我释放了公司被收购过程中积压数月的压力和焦虑,伦敦之行的糟心事只是最后的稻草。

身为母亲,我们可能会"禁止"自己在孩子面前哭泣。我还记得曾经有一次,我从楼梯上摔下来,剧烈的疼痛让我的眼泪唰地流下来,劳拉和奥斯卡当时年纪还小,第一次看到妈妈哭泣,他们都吓坏了。姐弟俩惊恐的表情比摔下楼梯这件事还让我震惊。我擦干眼泪,让保姆照顾好他们俩,自己则动身去医院。医生告诉我,我的腿摔断了。

那天晚餐的时候,我忽然记起自己摔下楼梯时孩子们恐惧的表情,但这次我觉得,也许不需要伪装自己没有受伤,只为了让孩子冷静下来。这一次,我允许他们分担我的痛苦。

"说了这么多,也许我也得考虑一下你说的权力之争的问题了。我不想重复一些老生常谈,说什

21. 分享的感觉真好

么男性领导和女性领导之间工作风格不同之类的话,但我真的觉得自己在孤军奋战,要改变公司的文化氛围真的太难了。有时候我都觉得自己精疲力竭了,要是伦敦会议上有更多女性领导者参与其中,或者人们能够对不同的领导风格更包容一些,都会让这次会议的结果截然不同。一想到之后还要参加类似的会议,我真想找个地缝钻进去逃走。"

餐桌上大家都沉默无言。我跟家里人说了一下自己在公司合并之后要担任的新职责,低落的情绪和流露的悲伤感染了他们三人。不过令我惊讶的是,跟他们说说这些事后,我感觉好多了。

劳拉第一个说:"妈妈,我想说,你别觉得跟我们说这些是一种负担。对我来说,这样的谈话就像是和闺蜜一起讨论男友一样。我们信任彼此,所以才会畅所欲言,无所顾忌。到谈话结束的时候,每个人都可以自行选择接下来要怎么做,而所有人都得接受彼此的选择。我们不会把朋友怒气冲天时候说的话拿出来取笑,因为我们知道,她本意并非如此。"

"谢谢今天你们愿意听我絮叨,谢谢你们今天在这里陪伴我。我需要你们,劳拉,我喜欢你那个闺蜜夜谈的比喻,让我随时都能改变自己的想法,不用担心你们觉得我善变,我爱你们!"

> 有一个让你信任的环境,使你能表达自己的情绪和焦虑是很重要的。这不意味着你要向别人寻求解决方案,而意味着你要能够说出你遭遇了什么。要说出自己的委屈,你就得先组织凌乱的思绪,才能让别人能听懂你的故事。很多时候,单是组织思绪这个过程就能让你发现最佳的解决方案。

22. 真的那么重要吗?

要么是我们说得太多,要么是我们说得不够,人们总有抱怨的理由。

我在客厅读书,12岁的儿子奥斯卡走了进来。我一抬头就惊讶地看到他新剪的发型,极其糟糕。我本来打算说点什么,但停下来思考了一下:"发型真的那么重要吗?为什么要指责他的发型呢?真有必要说他吗?"我下定决心不会因为发型和他置气,再说头发会长得很快的,所以我安慰自己要往好处想:孩子生活在家里,所以我才能看到他们姐弟俩干的这些出乎意料的事,这不是挺好的嘛!虽然有时候我也得忍耐刚才那种糗事。所以那天我什么都没说。我们聊了一会儿,奥斯卡就回房间学习,他要准备考试了。

几天之后,他告诉我说自己的朋友布鲁诺(Bruno)也剪了同样的发型,他爸妈都非常不爽。

"但是你就不在乎!布鲁诺的发型和我的一样,但你什么也没说。有时候你很有控制欲,有时候你又不怎么在乎我做了什么。我都不知道该怎么看你了!"

我很惊讶于他这种奇奇怪怪的怒点,根本没料到他会因为我没和他吵架而生气,所以我不得不仔细思考要怎么回答这个问题。我想要解释之前的思考过程,但是还得避免批评他朋友的父母才行。

"要是你想听实话,真相就是我也不喜欢你的发型,但这根本没什么,你喜欢就行了,不是吗?你想让我对此说点什么,这才是你在意的点吧。但你选择做些什么,都是你自己的选择,你要自己去寻找答案,而不是在意我的看法。只有你自己才能知道自己的选择是对是错。"

"这是什么意思呢?我要寻找什么答案呢?"

"嗯,就是一些简单的问题。在做决定之前,

22. 真的那么重要吗?

你得考虑以下问题。

"第一,这件事对我来说有害处吗?还是说现在没害处,但将来会有不好的后果?

"第二,如果我选择做这件事,是否会伤害他人?

"第三,要是之后后悔自己最初的选择,我能不能走回头路,扭转这一切?"

奥斯卡听得很认真,于是我继续说:

"剪了这个发型不会让你犯下什么在未来不可扭转的过错,你也没有伤害自己或者他人。要是你不喜欢这个发型了,头发总能长回来。所以,我喜不喜欢这个发型真的那么重要吗?根本不重要,所以我没必要和你因为一个发型置气。但是你要是干些会有不好后果的事,我肯定是要和你吵架的。"

"嗯,你这么说……也有道理。但是你会问自己同样的问题吗?"

"我也曾通过努力才能这么做,但是我现在已经很习惯这个思考方式了,所以思考过程都是自动的。我觉得第三点是最难的……做了一个选择之后很难再回到从前。所以做事之前意识到其风险很重要，工作的时候我也会问员工这个问题，只不过会稍稍修改一下。"

"你会掺和其他人的个人生活吗？"

"偶尔。只有在人们处理一些严肃事务的时候我会过问一下。如果能回答这些问题，人们就能思考得更深入，问题看上去就不会那么难以解决了。不久之前，莫妮卡（Monica）到办公室来找我，她领导着一个40人的团队，看上去疲惫不堪，因为她很不满团队中一个主管斯蒂芬（Stephen）所做的事。

"之后她和我说起了斯蒂芬的所作所为。我问莫妮卡——虽然她永远不会像斯蒂芬那么做——斯蒂芬做的事对她或团队带来负面影响了吗？还有，我劝她想想是否还有机会去弥补斯蒂芬造成的损失。多亏我问了这些问题，莫妮卡终于意识到斯蒂芬的决定不会造成任何糟糕的结果，所以她大可不必那么生气。她表示稍后会找他谈谈，解释一下她为什么会大动肝火。其实根本原因是斯蒂芬在行动之前完全没有跟她商量。莫妮卡想让斯蒂芬明白，他这么做，受损失的只有他自己。所以，奥斯卡，

22. 真的那么重要吗？

你明白了吗？让莫妮卡回答这些问题，不仅能让她平息怒火，还能让她发现提高斯蒂芬工作能力的方法。"

奥斯卡开玩笑说："我很高兴你不会因为不喜欢下属的发型就去责备他们，这确实能让他们轻松不少！我还担心了一秒。"

> 我们要恰当地发问，这能让我们预见自己的选择可能会给他人和我们自己带来的后果。好好想想我们的选择会带来哪些后果，这能帮我们找到最优的前进路径。再好好想想我们的选择会对他人有什么影响，这能让我们考虑清楚，到底要不要介入某件事情。

23. 不是我,是你

我的助理瓦妮莎快要崩溃了。她在公司的主要职责之一就是统筹监督接待员队伍。其中一位接待员反复抱怨说自己被一个项目组粗鲁命令了很多次。接待员的工作很重要,他们的工作内容是辅助员工的生产生活,管理访客的进出情况,处理员工工作卡的各项事宜,保证不同办公地点的人员沟通顺畅,组织餐饮活动,安排预定会议室,以及诸多日常事务。有时候,人们的要求会堆到一起,接待员没法及时处理每一个要求。这样的情况发生时,双方如果都能多一些理解和同情,就成了解决问题的关键。

23. 不是我，是你

很明显，压倒瓦妮莎的最后一根稻草就是这个接待员的事。我让瓦妮莎具体说说是怎么回事，到底发生了什么让这个接待员这么难过。

"那个遇到问题的接待员是杜尼娅（Dunia），她本身没什么问题，问题是项目经理葆拉（Paula），她总是要求这、要求那，还老是抱怨我们没有及时满足她的要求。但接待处已经不止一次告知过她，她不能老是期待我们能在24小时之内订到满意的餐厅。当杜尼娅再次提醒她这项规定的时候，她愤怒极了。还有一次，葆拉团队的一个主管让杜尼娅把文件送到另一个办公楼区，但这不是接待员的工作。我给葆拉发了一封邮件说这件事时，她只是回复说，不用我们管了，她已经派了'自己人'去做这件事，我觉得她态度太恶劣了！"

我心想："唉，多让人'惊讶'……又是一个沟通不畅造成的问题。"葆拉想要独立于公司来建立自己的联络队伍，这听起来很荒诞，完全背离了公司打算削减经费的共同目标。

我问瓦妮莎："你知不知道杜尼娅那天具体是怎么和那个主管说的？"

瓦妮莎坚持说："埃莱娜，我跟你说，杜尼娅不是问题的关键。葆拉的团队才是制造问题的那方。他们根本不知道自己能要求接待处做什么，也不知道什么要求是不能满足的，他们简直贪得无厌。"

"是这样没错，但我不是在为葆拉辩护，可是你知道怎么做好分内的事，其他人却不一定，不能想当然。所以首先，你得思考自己能做些什么，或者说在这件事上，杜尼娅能做些什么。然后我们再思考其他人还能做些什么。很多时候，我们得先采取一些行动，才能让别人换一种方式行事。"

"那么我能做什么？"

"试着想象一下，要是大家能换一种态度呢？假如那个主管让杜尼娅送文件的时候，杜尼娅很友善地告诉他，很抱歉，但她不被允许离开接待处。假如她再试着帮帮忙，询问这位主管文件是不是很急，或者问他，能不能等联络员两个小时以后忙完了再送过去。很可能这位主管也不知道杜尼娅不能离开自己的办公桌，也不知道公司里有专门的联络服务可以在几个小时内做好这项工作。

23. 不是我，是你

"让我们假设这个文件需要立刻被送到，十万火急。杜尼娅意识到这个事很紧急，于是她打电话给总台，问自己能做什么。你觉得在这种情况下，那位主管还会投诉吗？葆拉又能做什么呢？如果葆拉能给杜尼娅一些建议，跟她提一下自己知道有哪些可以在24小时之内提供订餐服务的餐厅，会怎么样呢？"

瓦妮莎说："哇……也许大家都没能用最好的办法去处理这些需求。我正好和葆拉要开个会……我是否应该跟她说，这是我们的错，让她不要为此担忧呢？"

"哈！这是刚才和我一起谈话的瓦妮莎吗？不是的，我的建议是，你要在会议上这么说，你就说，为了避免再次出现之前那样的冲突，你想了一些自己团队能提升的办法，以便以后用更好的方式处理大家的需求，你想要跟她说说这些办法。"

"我敢肯定葆拉也有想法，知道怎么能让接待处提供更好的服务，她可能也会建议自己的团队改进行为方式，让我们拭目以待吧。"

在开车回家的路上，我一直思考着和瓦妮莎的谈话，思考着如何将这种换位思考的方式应用到我自己的生活中。也许孩子们会喜欢这样的方式，不再由我这个母亲来要求他们改变，而是先告诉他们，我打算如何改进自己的行为方式，然后询问他们是否也有建议和想法。唉，传授智慧是多么容易，但是应用智慧是多么难啊！还没到家，我就下定决心，当晚要和孩子们说这件事。

> 一旦出了问题，人们倾向于先找别人的错处，而不是自我检讨。如果能换一种思考方式，首先承认自己的过失，那么其他参与方也会相应地反思自己。这样一来，我们就能集思广益，一起攻克难关。

24. 合理安排工作日程

我更喜欢开门见山地跟文森特（Vincent）交谈。

我告诉这位项目经理："我收到了一封你团队成员发来的邮件，投诉说你给他的压力太大了。"

"怎么可能！我和每个人的关系都不错，而且我还按照你的建议，和团队成员共享项目信息，让他们都有参与感，理解每一个项目需求背后的原因。"

我暗示说："也许你对他们要求太多了吧！"

这封投诉信同样让我感到惊讶，毕竟我认识的文森特一向平易近人。

"我绝对没给大家压力。我刚才说了,我什么都跟大家分享,不管是项目情况,还是我想到的可能有帮助的点子,只要有新想法,我就会传达下去。"

忽然之间,我似乎明白了那个员工为什么会给我发投诉信了。

"你刚才说,只要有新想法,你就会传达下去。你每天都这样吗?你在周六日也给下属发邮件吗?在晚上下班后也会发吗?"

"嗯,可能有过,你说得没错。不过你听我说,这没什么,我没有要求他们马上落实。我只是想到什么,就跟他们分享罢了。我就算在周末发邮件,也不需要他们立刻回复,周一给我答复就行。"

"我想我知道为什么有人发投诉信了。要是你在晚上下班后收到我的邮件,会不会在收到提醒后立刻点开?"

"我可能会……嗯,是的,我肯定会。"

"我们要注意合理安排工作日程。我也会突然冒出一些想法,想要第二天跟大家说,所以我会写好邮件,免得自己忘了。但如果那时候已经是晚上七点或是周末时间，我是不会按下发送键的。"

"那你为什么要提前写好邮件？"

"我可以自由安排自己的工作时间，不想因为并不着急的事情来打扰别人。我的收件人也有权利享受他们的休闲时光。你知道我是怎么做的吗？我会写好邮件草稿，然后在第二天出门上班前点击发送。现如今就更简单了，我只要设置好定时发送就可以了。你要知道，你我都是领导，哪怕再努力去创造一个友善和谐的工作环境，我们也还是领导。收到领导的邮件可不是小事。哪怕是在非工作时间收到领导的邮件，大家也会点开看看，确认一下有无紧急情况需要处理。事实上，紧急情况并不常见，所以大家不应该承受那么大的压力。"

"我确实没想到这一点。说实话，我自己在晚上收到邮件也会感到困扰。我们总觉得给别人发邮件没什么大不了……但事实上，这么做就是会打扰到别人。"

"我们总觉得自己没有打扰任何人，但事实并非如此。你还有机会扭转这个局面。你很幸运，有人投诉了这个问题，你就可以早发现早处理。换作是我的话，为了避开你那位下属在邮件里说到的工作压力，我会在走出办公室后，立马用意念在心里筑起一堵墙，把工作邮件和工作电话统统抛诸脑后。

"举个例子，要是我在打开家门之前接到工作电话，而我又打算接听，那我就不会直接进家门，而是走到外面的街区，一边走一边讲电话，这样我在回家以后，就能把注意力集中在更重要的人身上，也就是我的孩子们。

"回到家之后，我会把手机放到另一个房间，不让我的家人被电话铃声或短信提示音打扰，而我也可以专心听孩子们讲他们一天的所见所闻。这并不会耽误我工作，因为我会不时查看手机消息，确认有没有需要立刻跟进的要紧事。

"很多时候，我们没办法把领导的工作方式和公司的管理方针区分得那么清楚。我们需要注意的是，不要在下班之后或周末时间给下属发邮件或打电话。我们应该遵守待人接物的普遍原则——尊重他人的空闲时间。我们的企业文化也强调要尊重他人。"

24. 合理安排工作日程

"我明白了，我完全同意你的看法，也许我也可以跟你学学，回到家就把手机放到远处。"文森特说。

> 技术让生活更便捷，人们可以在任何时间和任何地点工作，还可以随时和爱人或同事保持联系。但技术进步也有利有弊，自己连轴工作不说，甚至还不让别人休息。所以，我们在享受技术红利的同时，也要控制其负面影响。这样不光我们自己能过上更有意义的生活，也能让别人尽情享受他们的人生。

25. 我会拔出宝剑……消灭全世界!

托马斯(Thomas)已经在我办公室里说了大半天了。

"我不明白他们有什么好抱怨的!每一次下属来向我请教,我都会清清楚楚地告诉他们该做什么,怎么做,我甚至都没让他们自己费力想办法。"

我之所以约见托马斯,是为了对他进行业绩考核,进而确定下一阶段他在公司的职位。他的考核结果不错,但有一点让我担心,他竟然从没有提拔过任何一位下属。

托马斯继续说:"我没开玩笑,他们担不起太

25. 我会拔出宝剑……消灭全世界!

多责任。说到怎么处理事情，我得掰开了揉碎了，讲给他们听，但最后还是要我来拍板，我的下属们都不想自己拿主意，我也不相信他们能领导团队，把握机遇。"

我对托马斯说："你的团队成员有100多人，可是连一个能力出众的人都找不出来，这绝对不可能。托马斯，我们需要新主管来负责新项目，让公司成长壮大。到底是哪里出了问题？也许他们需要的是你的倾听和支持，而不仅仅是你对他们发号施令。也许你不该给他们事无巨细的指示，有时候，直接给出答案不过是权宜之计，从长远来看有百害而无一利。如果你能引导下属去思考到底是什么阻碍了他们，结果可能会更好，至少比直接告诉他们答案好得多。这样一来，或许你就能帮助大家解决反复出现的难题。"

"我真是搞不懂，我告诉了他们应该做什么，他们看似听懂了，可我也不知道为什么之后还是会出错。"

我说："这样吧，你给我举个例子，跟我说说你们上次开会的情况。"

我跟他聊了一会儿，问了他一些问题。大多数时候，他思考得很全面，就连还没讨论的问题都能给出答案。但我突然意识到，他好像很紧张，所以我决定打断一下，给他讲个故事。

我讲起了发生在我女儿劳拉5岁那年的一件事。当时我们全家人都很爱戴的一位亲戚去世了，大家都笼罩在悲伤的氛围当中。我的孩子们看到我哭了不止一次。他们还太小，和他们讨论死亡这个复杂的话题实在太难了。我要怎么向他们解释，我们挚爱的亲人从世界上永远消失了，只能尽量用自己想到的最好方式跟孩子们谈论这件事。然而，他们的问题也很难回答。到了睡觉时间，我们给劳拉盖好被子。看到她还是那么难过，我满怀深情地吻了吻她，可是也想不出别的法子来安抚她。在之后的几天里，我们谁都没再提这件事，但我还是感觉到有一些东西破碎了，需要把它修补好，只是我还不知道要做些什么。

又过了几天，若尔迪（Jordi）来我家里玩儿。他是我们的邻居兼好友的长子，比劳拉大一岁。从劳拉出生起，若尔迪就一直是她形影不离的玩伴。

25. 我会拔出宝剑……消灭全世界!

两个孩子坐在地板上玩耍,我正好听到了他们的对话。

劳拉说:"若尔迪,我听人说,我们每个人都会死。你的爸爸妈妈,还有我的爸爸妈妈,他们也都会死。他们所有人都会死的。"

我们这些大人沉默了,都在想要不要打断孩子们的对话,让他俩冷静一下。我正要说点什么的时候,刚才一直不吭声的若尔迪坐直身子,说了一句惊人之语:

"劳拉,没事的,别怕,我会拔出宝剑……消灭全世界!"

"托马斯,你知道吗,劳拉忽然觉得自己很安全,是若尔迪保护了她——虽然有些莫名其妙。但这种安全感能永远存在吗?在我们大人眼中,显然不能,可是在之后的几天里,恰恰是劳拉这位勇敢的朋友若尔迪让她心绪平静,而我们当父母的反而无能为力。有时候,给出答案确实能解决一个具体问题,但如果想要团队成员不断学习、不断进步,他们可能需要的是比答案更加广博的东西,你觉得呢?"

> 虽然有时一个答案就足以解决一个问题，但如果你还可以提供保障和支持，那就能激发出他们的真正实力，他们自己也能获得极大的提升。

26. 平静之环

我们全家邀请我妹妹伊莎贝尔来家里共进晚餐。席间我和家里人说起了那天下午在办公室里发生的事情。之后我说起几天前我和女儿劳拉吵了一架,但那次的争吵碰巧帮我解决了工作上的难题。

我女儿知道我有时会和同事分享家里的故事,她当时开玩笑说:

"我打赌你肯定不会让你的同事尝试我们在家玩的游戏,比如强迫他们站在地板上玩'平静之环'(Peace Circle),让他们大喊'露出牙齿,露出牙齿',我猜得没错吧?"

"是啊,你说对了,我们还真的没玩过这种游戏……不过我总有一天会让大家尝试的,要是真的做到了,我一定好好跟你说说他们的反应。"

我们一家四口想象着办公室里的滑稽场景,不禁放声大笑。

伊莎贝尔问:"谁能给我解释一下,'露出牙齿,露出牙齿'是个什么游戏?"

我回答说:"我们把这个游戏叫作'平静之环',我们四个人经常这么玩儿。有时候我们其中一个生气了,就算最后怒气平息下来,那个人还是会觉得不大痛快,而其他人也不知道该做什么。生气容易,消气难。为了打破愤怒的魔咒,大家就玩起了'平静之环'。我们每个人都伸出手,背对背围成一个圈,然后绕着房间大喊'露出牙齿!露出牙齿!'之后我们会放开手,彼此相对,再次站成一个圈,看着彼此的脸微笑,而且都要露出牙齿。这样跳着叫着,我们就笑出声来了,打破了令人垂头丧气的魔咒,找回了好心情。"

奥斯卡问:"嘿,等等,大家在办公室也会生气吗?"

"当然会了,这就和在家里或学校里一样。哪

26. 平静之环

怕他们脸上没有表现出怒色，也没意识到自己内心的怒火，周围的人还是会感觉到。要想让生气的人平静下来，就要去关心他们，让他们做些别的事情转移注意力。"

> 我们很难改变一个人对某事的态度或立场，所以有些问题要花很长时间才能解决。要是能帮助他人改变负面情绪，那么这种干预就是值得的。

27. 弗吉尼亚·伍尔夫：《一间只属于自己的房间》

我马上要和全体项目团队开会，但在会前几分钟碰巧看到了卡拉（Carla），就想着花一点时间问问她和她儿子的情况：

"马克斯（Max）几岁了？最近怎么样？"

卡拉回答："他在上周刚过完9岁生日。我们安排了远足旅行给他庆祝生日，他用四小时走完了全程！"

"这对一个小孩子来说，是不是有点过了？"

她骄傲地说："绝对不会。我这几天把他的房间重新装修了一下。我想试试让儿子搬出我的房

27. 弗吉尼亚·伍尔夫：《一间只属于自己的房间》

间，适应自己单独睡，就当是给他的生日礼物。"

听到 9 岁的儿子还和妈妈一起睡，我很惊讶，但也没说什么，心想可以再找时间跟她谈谈这个事。我祝她的"装修计划"一切顺利，然后我们俩一起朝会议室走去。

开完会后，我们又坐着聊了聊下周的计划。我忽然发现，当了妈妈的女性经常会用以下句子做结尾："你知道吗，有了孩子之后……我们夫妻俩再也没去过电影院。""我都忘了上次我们一起出去吃饭是什么时候了。""我太累了，一天下来，我连看本书的精力都没有。""我真想周末能睡到自然醒。"

听到此处，再回想起早前和卡拉的谈话，我想插个题外话，跟在场的女士们分享一下我自己的经历，说不定能帮她们度过一个愉快的周末。

我问那个说自己没有充足睡眠的人："马里亚姆（Maryam），你的孩子都 5 岁了，为什么你还睡不好呢？"

"孩子们可不分什么工作日、上学日和周末，反正他们都会在早上 6 点冲进你的卧室，然后你一整天都别想睡了。"

我说:"我家孩子以前也是这样,但后来我们想了个办法,就迎刃而解了。"这时,会议室里每个人的注意力都集中到了我身上,于是我继续说道:

"孩子们出生后,一切都变了。我发现自己对很多事都无能为力,这让我很焦虑。劳拉的情况还好,因为她在夜里能睡九小时。但奥斯卡就睡得不大安稳,他经常在夜里惊醒,我只好起床去哄他,直到他平静下来,不再哭闹。其实这没什么大不了的,他哭闹的原因多半是找不到安抚奶嘴了。所以我想了一个办法,在他的小床上放了十个安抚奶嘴。这样一来,一个掉了,他马上就能找到下一个。我们就用这个简单的小手段让他睡足了八小时。解决完这个难题后,我们夫妻俩又开始琢磨周末怎么办,我们想多睡一会儿,但怎样才能保证孩子们不哭闹?最后,我们想到一个办法。我们对他俩说,要哭要闹都可以,但必须等到我们走进他们的卧室之后才可以。"

马里亚姆的脸上满是怀疑。

"有什么可怀疑的,相信我,真的有用!你可

27. 弗吉尼亚·伍尔夫：《一间只属于自己的房间》

以跟孩子解释清楚，你想让他们做什么，他们虽然年纪小，但是也能听得懂。我们跟两个孩子说，爸爸妈妈在周末会比平常起得晚，我们要多睡几个小时，这样在醒来之后就会加倍开心，然后我们一家四口就能一起共度美好周末了。我们在孩子的卧室里放了填色书，他们醒来后就可以在书上涂涂画画。教了几次之后，姐弟俩就学会了，他们自己会在卧室里悄悄地玩儿，等爸爸妈妈进来。你们大多都有孩子，我跟你们说个小妙招：别忘了你们生孩子之前的样子。这很重要，只有记住这一点，你们才会过得舒心，夫妻和睦，更好地为人父母，何乐而不为呢，甚至你们的工作状态都能变得更好。"

马里亚姆对此不太赞同："不管我喜不喜欢，我的生活还是和几年前不一样了。"

我继续说："我和我丈夫都在尽力记住我们是一对爱侣，而不只是两个孩子的父母。一开始真的是心力交瘁，总有人想要吸引我的注意力，一会儿让我来这边，一会儿让我到那边。和孩子们在一起的时候，我总想着我还有事要做，但不在他们身边，我又觉得心里有愧。我再也忍不下去了，决定设置多个时间段去处理生活中的各种事项,我的处境这才慢慢好了起来。渐渐地,我能享受自己的不同角色了,不管是和孩子在一起,还是和丈夫或朋友在一起。更棒的是,我不再感到愧疚了,拥有了充实的人生。"

屋子里的每一个人都在认真听着,我觉得还可以再加赠最后一条建议:

"你们读过弗吉尼亚·伍尔夫[1]写的《一间只属于自己的房间》(*A Room of One's Own*,1920年出版)吗?书中说一个女人要想写小说的话,她就必须有钱,还要有自己的房间。伍尔夫所说的钱并不是积累起来的财富本身,而是这种财富赋予女性的独立状态,让她们有了自己做主的能力,比如开启写作生涯。她讲的这个道理至今仍然是金科玉律——对于一个女人来说,没有物质基础,她很难在职业生活和个人生活之间达到平衡。拥有一个专属房间的说法可能让读者觉得不切实际,但毫无疑

---

[1] 阿德琳·弗吉尼亚·伍尔夫(Adeline Virginia Woolf,1882—1941),英国女作家、文学批评家和文学理论家,意识流文学代表人物之一,被誉为20世纪现代主义与女性主义的先锋。——译者注

27. 弗吉尼亚·伍尔夫：《一间只属于自己的房间》

问的是，拥有自己的一方天地或空间至关重要。作者的想法没错，如果在家里有一片只属于自己的空间，一段只属于自己的时间，我们就能享受生活中其他的美好时刻。当然，我不是说每个人都得有个大房间，我自己就没有！

"我在家里有一片属于自己的空间，里面放着一张沙发和一台音乐播放器，这就足够了。家里人都知道，当我躺在那个沙发上的时候，表示我不想被任何人打扰。我曾听到奥斯卡跟朋友说：'我妈妈现在躺在魔法沙发上，只要我们不去吵她，之后她就会变得加倍开心。我长大了以后也要有一个魔法沙发。'

"我每天都会抽出些时间在沙发上放空自我，哪怕就几分钟也行。我的观点是：为了善待他人，我首先要善待自己，给自己留点闲暇时间。谢谢你，弗吉尼亚·伍尔夫！"

会议室里鸦雀无声，第一个打破沉默的是特蕾莎（Teresa）：

"谢谢你，埃莱娜，我也要找到属于我的魔法沙发！还有，我要买十个安抚奶嘴，今晚就把它们放在我女儿的小床上。"

我们都笑了，大家陆续走出会议室。

> 女性要消除心中莫名的愧疚感，这一点很重要。虽然生孩子是个人选择，但身为人母的女性要明白自己当好一名母亲所要讲究方式方法。抱歉，我在这里暂不提父亲的作用。我必须表明态度，女性在当了母亲之后，身上背负的压力远远超过了父亲。面对汹涌而来的压力和期待，我们一心想着照顾好孩子和家人，却总是忘了我们首先要善待自己。我们都是独立的个体，有权享受独属于自己的空间和时间，大可不必感到愧疚。
>
> 母亲总待在孩子身边，未必能保证他们一定会健康快乐地成长。孩子一旦感受到妈妈情绪低落，想到妈妈为了陪伴他们而放弃了一切，他们自己也会不开心。相

27. 弗吉尼亚·伍尔夫：《一间只属于自己的房间》

> 反，如果一个母亲在事业有成的同时不忘关爱孩子，乐于享受亲子时光，努力去创造一个温馨幸福、相互尊重和相互信任的家庭环境，那么孩子在长大成人后也会变得更加独立自强。

读者朋友们,再会!

亲爱的读者朋友们:

是时候和大家说再见了。要是你一口气读到这里,就不会惊讶于我一结束写作,就去询问孩子们的意见了。和奥斯卡一样,劳拉问我是不是要写一本关于领导力的书籍,是不是要写一本给女性的书籍,还是针对更大的目标读者群体?我告诉姐弟俩:"这是一本有关生活经验的书。我想用第一人称写作,这本书是一个有丈夫,还有两个孩子的女人讲述的故事,她同时还承担着管理一家公司的职责。"

讲述我的人生经历,只是想告诉大家,除了理论之外，其实还有很多领导方式和生活方式。在工作和个人生活之间找到平衡是有可能的，毕竟我们只有一次人生。

前文已经提及多次，要找寻工作和生活的平衡，我们要始终如一，尊重那些塑造了我们的价值观念。这不仅能让我们感到舒适，也能让周围的人感到畅快。

从这本书的第一版（西班牙语版）面世到后来的英文版面世，我们经历了一段艰难的时光，这段经历影响了我们所有人。在两年内，新冠肺炎疫情改变了人们的工作方式、住房方式以及职业关系，我们中很少有人能预料到未来十年会是什么样子。更不同往常的是，过上充实的个人生活已经成了许多雇员期望的前景之一。

讨论这些事是有必要的，我们要尊重、分享不同的领导方式，不要担心某一种领导方式可能不够牢靠，或者觉得关注他人是软弱的表现。成为好领导不能仅仅依靠权力，还要向大家解释、展现自己的态度和思想。如果我们能做到这一点，就能将这些良好的品质应用到管理模式中去。

我的儿子奥斯卡对这本书很感兴趣。他说我的故事可能比他之前想象的还能关联更多的群体。"我觉得,"我告诉他,"我们越是分享我们的经历,能理解这种方式的人就越多,我们就越能营造更有包容性的环境,帮助更多人打破职场玻璃天花板。"

我的女儿劳拉说,她可能没办法公正地看待这本书,因为我的书让她想起了自己的童年故事,让她很感动。"对我来说,这就好像我们分享了信心,"她说,"也许你的读者也感觉得到。"之后她补充说,"也许本书缺少的是在书的结尾说一声'再会'。"

所以,让我们说再会吧。我很荣幸,能分享自己的故事给你。

致谢

感谢:

我的同事们。虽然没法把他们的名字一一列出,但我很感激他们,因为我从他们身上学到了很多东西。

泽维尔·奥利弗(Xavier Oliver),感谢他给予我的友情。

迈克尔·劳姆(Michael Raum),塞勒拜特集团的创始人兼董事长,感谢他的信任和支持。

阿纳·戈多(Ana Godo),我的西班牙语图书编辑。

洛尔·孔特(Laure Conte)和皮埃尔·孔特

(Pierre Conte),感谢他们给予我的友情,感谢他们对本书法语版本的鼎力支持。

安杰拉·贝塞拉(Angela Becerra)和华金·洛伦特(Joaquin Lorente),感谢他们的慷慨帮助。

安迪(Andy),感谢他的信任和支持。

我的祖母梅塞德斯(Mercedes)、我的父母、我的兄弟姐妹们。

我的丈夫伊尔德方索,他永远在我背后支持我。

我的女儿劳拉和我的儿子奥斯卡,他们是我这部书的灵感来源。

埃莱娜·嘉赫丹想要证明，成为一名成功的经理人和拥有亲密的家庭生活、养育孩子之间并不存在不可兼得的困境。

安东·库斯塔斯·科萨尼亚（Antón Costas Comesaña）

经济学正教授

每一章都幽默且真实。字里行间饱含感情，可供学习的内容比比皆是。对那些即将为人父母的专业人士来说，本书是他们应对挑战的必读之作。

马赫·阿拉贡（Mar Alarcon）

数字产业企业家

每一页的字里行间都浸透着作者的人生智慧。本书会开阔读者的视野，鼓励大家直面日常生活中源源不断的挑战。这本书太棒了！

安杰拉·贝塞拉·阿塞韦多（Angela Becerra Acevedo）

作家

在商学院的学习过程中强调谦逊、尊重、承诺、慷慨的价值观至关重要。本书可以帮助我们加深对它们的思考。

佩德罗·雷诺·伊涅斯塔（Pedro Nueno Iniesta）

哈佛商学院博士、IESE 商学院教授、中欧国际工商学院创始人兼名誉院长埃莱娜在开篇中说："其实生命中所有的时刻都是开始的好时机。"开卷有益，读书总会有所收益。愿这本书能成为你心中的一束光，将人生旅途照亮，助你真正从思维上改变自我。

胡仕龙

金慧科技集团董事长、创始人

一本关于企业审慎行事的指南，一本关于平衡的指南。经济世界与人文主义的联系。

胡安·卡洛斯·巴哈贝斯·孔叙尔（Juan Carlos Barrabés Cónsul）

企业家

我喜欢塞内卡的那句话："生活绝非空等暴雨停歇，而是学会在雨中跳舞。"埃莱娜·嘉赫丹邀请我们大家一起在雨中跳舞——她甚至和家人一起舞蹈来赶走坏心情！

埃莱奥诺尔·德·布瓦松（Eléonore de Boysson）

DFS欧洲及中东地区总裁